互联网
新技术新业务
安全评估与政策洞察

中国信息通信研究院互联网新技术新业务安全评估中心
编

HULIANWANG
XINJISHU XINYEWU
ANQUAN PINGGU YU ZHENGCE DONGCHA

中国电力出版社
CHINA ELECTRIC POWER PRESS

内 容 提 要

当今世界，信息技术创新日新月异，数字化、网络化、智能化发展持续迈进，与传统产业的渗透融合不断拓展和深化，世界正在进入以信息产业为主导的数字经济发展时期。然而，信息技术的快速创新、发展在引领经济社会发展进步的同时，也打破了网络空间的旧有规则和秩序，对网络信息安全带来种种新威胁新挑战，新技术新业务网络信息安全已成为事关国家长远发展和安全稳定的关键基石。

本书围绕互联网新技术新业务的网络信息安全，选取当前信息技术应用创新的重点方向和关注热点，分析其对政策、法律、监管等方面的影响。全书分为技术业务、政策法规、治理实践三部分，以广阔的视角、鲜明的主旨、翔实的内容，对近年来国内外新技术新业务网络信息安全的风险态势和治理实践进行回顾和分析，提出了具有启示性和前瞻性的观点和结论，具有较强的时代特征和现实针对性。

本书兼具知识性、对策性，可供国内外电信运营商、互联网企业、网络信息安全企业和政府机构、科研机构等相关人员，以及关注网络信息安全问题的广大读者阅读。

图书在版编目（CIP）数据

互联网新技术新业务安全评估与政策洞察/中国信息通信研究院互联网新技术新业务安全评估中心编. —北京：中国电力出版社，2018.5（2019.2重印）
ISBN 978-7-5198-2078-7

Ⅰ. ①互… Ⅱ. ①中… Ⅲ. ①互联网络－网络安全－研究 Ⅳ. ①TP393.08

中国版本图书馆 CIP 数据核字（2018）第 104002 号

出版发行：中国电力出版社
地　　址：北京市东城区北京站西街 19 号（邮政编码 100005）
网　　址：http://www.cepp.sgcc.com.cn
责任编辑：张　梅
责任校对：王海南
装帧设计：王英磊　赵姗姗
责任印制：钱兴根

印　　刷：北京传奇佳彩数码印刷有限公司印刷
版　　次：2018 年 5 月第一版
印　　次：2019 年 2 月北京第二次印刷
开　　本：710 毫米×1000 毫米　16 开本
印　　张：8.5
字　　数：95 千字
定　　价：58.00 元

编　委　会

序 言

当前，以互联网为代表的信息通信技术以其强大的创新活力、广泛的渗透能力以及密集交叉的融合特性，成为推动新一轮科技革命和产业变革的关键动力。一方面，信息通信技术的自我创新从单点单环节、孤立式创新向集成芯片、软件、网络、数据等多要素、系统性创新转变，释放着人工智能、区块链、虚拟现实等新兴技术的创新活力。另一方面，信息通信技术与传统产业的跨界融合激发着集成创新、智能交互等新兴应用迸发涌流，工业互联网、无人驾驶、智能设备等新业态新产品层出不穷，引发人们生产、生活领域的深刻变革。

然而，古往今来，技术的进步往往是一把“双刃剑”，在不断推动人类文明发展进步的同时，也会因为技术本身的不完备或使用者的恶意运用而对他人，乃至整个社会造成潜在威胁和现实危害。无人驾驶汽车导致行人死亡，智能玩具侵害青少年隐私等，折射出强化新技术新应用自身安全保障的重要性；区块链、加密通信成为网络恐怖活动的重要工具，人工智能被用于散播虚假信息、操纵社会舆论等，凸显了对新技术新应用进行安全规制的紧迫性。

世界上很多国家将新技术新应用的网络与信息安全，视为国家网络空间安全的重要组成部分和关键基石，对塑造数字经济时代国家核心能力发挥着至关重要的作用。美国及欧洲等发达国家对此高度重视，先后将工业互联网、人工智能、区块链等新技术新应用的网络与信息安全上升到国家战略层面，并积极在法律、政策、监管层面开展大量治理实践。我国在立足本国国情和借鉴国际经验的基础上，陆续出台了系列安全战略规划和法律法规，积极构筑互联网技术应用创新发展的安全基础，加快推进网络强国安全能力建设。

近年来，在工业和信息化部网络安全管理局的指导下，中国信息通信研究院在互联网新技术新应用的安全政策、法律、监管方面的研究取得积极进展，参与多项国家相关安全政策的研究起草工作。《互联网新技术新业务安全评估与政策洞察》一书是中国信息通信研究院互联网新技术新业务安全评估中心在网络与信息安全领域的研究成果。本书介绍了现阶段互联网主要的新技术新应用发展情况，以及世界各国安全法律政策与治理实践，分析了面临的网络与信息安全问题，在归纳提炼安全态势与发展趋势的基础上，提出治理思路和具体建议。

互联网未知远大于已知，但聪者听于无声，明者见于未形。希望本书能够成为政府部门、企业、科研院所等各界人士进一步了解掌握、研究探讨互联网新技术新应用网络与信息安全的窗口，为促进我国互联网技术应用创新的健康发展和安全法律政策建设发挥积极作用。不当之处，敬请读者指正。

目 录

技术业务篇

eSIM 技术发展与安全态势的分析及建议

摘要：eSIM 技术又称内嵌式 SIM 卡技术，是由终端设备开辟特定的安全存储区域，直接存储用户身份和网络鉴权信息数据，进而实现终端设备在无 SIM 卡情况下网络通信的用户认证和鉴权。相较于传统可插拔 SIM 卡，eSIM 技术设备具有尺寸小、网络接入灵活等特点，能够满足工业互联网和智能可穿戴设备的联网需求。我国在积极推进 eSIM 技术发展的同时，也应高度重视其带来安全挑战，及时防范和化解安全风险隐患。

一、eSIM 技术基本概念及特点

eSIM 技术又称内嵌式 SIM 卡技术，是由终端设备开辟特定的安全存储区域，直接存储用户身份和网络鉴权信息数据，进而实现终端设备在无 SIM 卡情况下网络通信的用户认证和鉴权。

eSIM 技术主要有三方面的特点。一是灵活性，与传统可插拔 SIM 卡相比，eSIM 技术可以实现终端设备的电话号码远程写入、激活和管理等功能，用户可以在不更换终端设备情况下，通过远程改写电话号码等方式实现在不同网络运营商之间的切换。二是便利性，在使用 eSIM 技术的终端设备中，用于存储用户身份信息的物理区域大小仅为传统可插拔 SIM 卡的十分之一，为终端设备的小型化、便携化发展提供了更为广阔的空间。三是高可靠性，eSIM 技术可有效降低外部环境的影响，在高震动、高温等极端情况下仍可保持工作状态。四是低成本，eSIM 技术无须实体 SIM 卡，极大降低了 SIM 卡在物流、零售和分销等方面的管理成本。

二、eSIM 技术发展迎来历史机遇期

（一）工业互联网驱动 eSIM 需求呈指数级爆发

纵观全球，以工业互联网为代表的物联网应用推广正在逐步加速，美国、欧洲和中国都在不断加大促进新一代信息通信技术与工业系统深度融合的研发投入和政策支持。在工业设备网络化发展驱动下，特别是 NB-IoT 技术的突破，进一步提出了小型化、低成本等新的连接模块需求。eSIM 克服了传统可插拔 SIM 卡使用寿命短、操作环境要求苛刻等问题，有效满足工业互联网防尘、耐高温等各种极端条件下的联网需求。按照国际咨询机构麦肯锡的预测，到 2020 年，eSIM 技术因全球工业互联网为代表的物联网应用，将带来超过 14 亿美元的收入规模，复合年增长率将达到 95%。

（二）可穿戴设备发展为 eSIM 开辟新空间

当前，智能穿戴设备正在取代以智能手机为代表的消费类科技产品，成为消费电子设备增长最快的领域。但出于防水、便携等原因，智能手表、智能眼镜、健身追踪器等各类新型可穿戴设备无法容纳传统的 SIM 卡槽。eSIM 技术因其无须设计专门卡槽，占用物理空间小，逐渐成为广大智能穿戴设备实现联网的首选。据国际调查公司 Smart Insights 预测，到 2020 年将有 34.6 亿～86.4 亿台搭载 eSIM 的设备出货；相比之下，传统的实体 SIM 卡在未来 10 年内将减少超过 16%的出货量。

（三）eSIM 技术趋于成熟，产业阵营不断壮大

早在 2014 年，国际移动运营商联盟组织 GSMA 就发布了 eSIM

远程写卡的国际标准规范，但当时主要面向 M2M 领域。2016 年 2 月，GSMA 再次发布了个人消费电子产品的国际标准规范，重点解决 eSIM 应用于智能可穿戴设备的技术规范问题。同时，适用于智能手机的 eSIM 标准规范也正在抓紧制定当中。目前，已发布的 eSIM 标准规范已经得到了全球超过 30 家移动运营商、芯片商和设备商的支持。其中，运营商积极布局 eSIM 相关应用，着力推出基于 eSIM 技术的 M2M 解决方案，深耕车联网、智能电表、智能医疗等物联网增量空间。设备厂商则围绕基于 eSIM 技术的终端设备产品竞争全面展开。苹果公司推出了采用 eSIM 技术的两款平板电脑 iPad Air 2 和 iPad Mini 3，三星则推出了首款搭载 eSIM 技术的智能手表 Gear S23G 版本。同时，移动运营商、芯片商、设备商等产业链各环节主体正加强合作，积极展开技术和方案验证测试。目前，eSIM 技术发展和应用已日趋成熟。

三、eSIM 技术发展带来的安全挑战

（一）产业安全方面，eSIM 技术可能对未来信息通信市场格局产生影响

结合 eSIM 技术发展和应用模式来看，目前主要存在两种主要模式：一是以苹果、三星等终端设备商为代表的纯软件模式，其基本特征是由终端设备商控制写入 eSIM 的用户身份和网络鉴权等数据信息，截断了用户和电信运营商之间的联系，终端设备商可在很大程度上影响用户对电信运营商 eSIM 服务的选择；二是以电信运营商为代表的嵌入式硬件模式，其基本特征是由电信运营商控制写入 eSIM 的数据信息，用户依然是通过电信运营商的渠道购买通信服务。当前看，苹果、三星等大型终端设备商依托在移动互联网、

智能硬件等领域建立的产业影响力，未来存在改变现有信息通信市场格局的可能。

（二）在公共安全方面，eSIM 技术可能被不法分子利用

当前，通信信息诈骗等网络犯罪形势依然严峻，eSIM 技术在为人们提供更加便利的网络通信服务的同时，也可能成为不法分子利用的新工具。在缺乏有效的管理规范要求约束下，注册某家电信运营商多个 eSIM 通信服务账号，或同时获取多家电信运营商的 eSIM 网络通信服务，几乎处于一种完全自由的状态。加之随时擦写 eSIM 中数据信息、自由网络切换灵活等功能，很难做到对不法分子非法使用行为的事先发现和事后溯源，因此其公共安全隐患也进一步加大。

（三）在网络安全方面，eSIM 技术将带来一定的安全风险

基于 eSIM 技术的网络通信服务包含了 eSIM 管理平台、eSIM 终端设备两大关键要素，以及相关支撑系统与设备。其中，eSIM 管理平台主要负责生成用户身份识别和网络鉴权的重要数据，并通过公共网络将数据下载到 eSIM 终端设备中。eSIM 终端设备则负责存储上述重要数据信息。由于基于 eSIM 技术的网络通信服务新增了 eSIM 服务器这一网络单元，使得用户身份识别和网络鉴权等重要数据在生成、存储和下载等过程中，存在数据集中存放、空中传输被破解等网络安全风险。同时，eSIM 终端设备因厂商采用不同标准，存在数据加密等安全防护机制被旁路，出现重要数据泄露等网络安全问题。

四、eSIM 技术安全监管建议

（一）积极支持和引导 eSIM 技术快速发展

密切关注国外推进 eSIM 技术应用的进展情况，鼓励国内电信

运营商、终端设备企业发展基于eSIM技术的通信服务，引导其在工业互联网、智能穿戴设备等新兴领域加大研发投入、加快技术布局，积极抢占产业制高点，支撑和服务制造强国和网络强国的建设工作。

（二）加强对企业网络安全责任监督落实

针对现阶段eSIM技术存在的网络与信息安全风险，要求电信运营商进一步健全完善网络安全防护、数据和用户信息保护、安全事件应急管理等制度，按照《通信网络安全防护管理办法》落实网络安全定级备案、符合性评测、风险评估等要求。同时，要求终端厂商做出安全承诺，保证终端设备中相关重要数据的安全。

（三）强化对业务经营的安全规范管理

健全完善对基于eSIM技术的网络通信服务的规范要求，围绕业务办理、变更、停用等关键环节，加强业务使用环节监测巡查，严防不法分子利用多业务、多功能关联等方式进行通信信息诈骗，同时严格落实电话用户实名制和日志留存等工作要求，确保重大公共安全事件的有效溯源。

（四）持续深化eSIM技术的跟踪研究

加强对eSIM技术标准规范、业务应用态势、产业市场格局的动态跟踪，建立长期监测、滚动研究的长效机制，深入研究技术实施细节和产业合作方式，及时、准确把握eSIM技术和市场发展趋势，提前做好政策研究储备。

（撰稿人：张琳琳）

人工智能发展趋势与安全挑战

摘要：目前，在技术突破和应用领域不断扩展的双重推动下，人工智能走到了大规模商业应用的爆发性临界点。人工智能产业化应用的顺利推进，将充分发挥其对国家经济增长的强劲推动力。但是民众对各类人工智能应用普遍存在安全担忧，如果不采取安全措施，可能导致大规模安全事故，进而极大影响人工智能产业化应用的顺利推进。站在推进我国经济创新发展和产业转型升级的国家战略高度，需在把握人工智能安全风险现状及发展趋势基础上，找准我国人工智能安全监管的瓶颈和着力点，在人工智能产业化应用初期着手提升我国人工智能安全水平，并逐步建立和完善我国人工智能安全监管体系和生态环境。

一、人工智能现阶段特点

（一）基于大数据的深度学习技术突破感知智能瓶颈

人工智能的目标旨在赋予机器感知外界环境、实时决策、移动操作等人类的能力，即机器具有感知、认知、行为三方面智能。然而受限于计算能力、数据量和核心算法，传统的基于规则、统计模型或模式识别的人工智能技术在1956～2006年间并未达到人类的智能水平。自2006年深度学习技术提出以来，其与大数据结合在语音、图像、视频等特定感知智能领域取得了接近或超越人类的水平。但是，由于现阶段深度学习技术不具有模拟人类记忆、推理、预测、小样本学习等方面的能力，故在认知、行为智能方面仍未有较大进展。目前，学术界和科技公司都试图从借鉴人脑运行机理，探索迁移学习、强化学习、类人概念学习等新技术和改进深度学习等方面，研究新的人工智能技术。

（二）人工智能处于大规模商业应用的爆发临界点

受益于深度学习在感知智能领域的突破性进展，科技公司、传统企业、创业公司等纷纷从开源机器学习平台、研发人工智能产品、改造传统产业等方面推动人工智能大规模商业应用。各类替代人类进行环境感知的人工智能产品和应用在生活中已随处可见，以亚马逊智能音箱 Echo、海尔智能冰箱等为代表的各类语音控制类智能家电产品大量涌现；特斯拉 Model S、最新款奥迪 A8 等能在简单低速路况下自主驾驶的半自动无人驾驶汽车已大规模商用量产；具有自动翻译、语音问答、图像识别功能的各种应用也大量使用。但是，由于人工智能技术尚未完全攻克感知和行为智能，完全替代人类的全智能化、自动化产品仍处于研发状态，例如麦肯锡报告[1]指出 L5 级的全自动驾驶汽车至少需十年才能商用和量产。

（三）人工智能成为经济增长新引擎

目前，人工智能处于大规模商业应用的爆发临界点。人工智能大规模产业化应用，一方面将带动传统产业升级改造；另一方面其具有的“创新溢出效应”将带动整个社会的创新变革。埃森哲研究报告[2]指出，到 2035 年，人工智能有望拉动中国经济年增长率从 6.3% 提速至 7.9%，美国经济年增长率从 2.6%提速至 4.6%；变化最大的

---

❶ 《Self-driving car technology：When will the robots hit the road?》

❷ 《人工智能改写经济增长模型》和《人工智能：助力中国经济增长》

是日本可从 0.8%提速至 2.7%。我国目前面临人口老龄化严重、人口红利消失、经济缺乏新动力的境况，亟须将人工智能作为经济增长新引擎、传统产业转型升级新动能和引领全球的新机遇。

二、人工智能安全风险威胁产业化应用

（一）人工智能安全威胁相较传统信息系统更加严重

传统信息系统主要用于个人日常娱乐、生活和办公辅助，以及企业数据处理和业务流程辅助等。人工智能产品和系统则在个人生活、企业生产中直接替代人类和企业进行决策和行为操作控制。人工智能相较传统信息系统对个人生活、企业生产的影响更加直接和深远。因此人工智能安全风险不仅会产生传统信息系统可能造成的数据泄露、个人隐私泄密、影响网络连通性和业务连续性等问题，而且会直接危害人身安全、社会稳定和国家安全。自动驾驶、无人机等系统非正常运行，可能直接危害人类生命安全和身体健康。例如，2018 年 3 月 19 日 Uber（优步）自动驾驶汽车在美国发生车祸致道路行人死亡，2017 年年初我国发生多起无人机干扰致航班紧急迫降事件。智能司法、智能招聘等系统替代人类进行决策，可能威胁社会公平正义。智能自主军事武器的使用，可能导致武力滥用，误伤大量平民。

（二）安全担忧影响产业化应用的社会接受度

美国白宫指出[1]，对人工智能产品和系统的安全及控制的关注和担忧是限制人工智能产业化应用的一个主要因素。然而，由于深度学习等人工智能技术缺乏理论支持、透明度和可解释性且人工智

[1] 《为人工智能的未来做好准备》

能产品和系统通常由几千万行代码构成，很难对其进行形式化安全验证。安全测评是目前产业界普遍认可的验证人工智能产品和系统安全性的有效方案，但是采用蛮力测试且为保证能测试到各种小概率情况则需投入巨量测试资源。以自动驾驶汽车为例，麦肯锡报告[1]指出为验证其安全性需自动驾驶汽车上路行驶 110 亿英里，即 100 辆汽车 7×24 小时不间断运行 500 年，这显然无法满足自动驾驶快速商用的需求。如果从业者没有加速安全验证的有效方法向大众证明其产品和系统不会产生无法接受的负面风险和结果，将极大影响民众对智能系统的接受度。美国汽车协会通过调查发现美国超过 75%的民众害怕使用无人驾驶汽车[2]。

（三）过于信任和依赖人工智能系统可能导致严重安全事故

目前人工智能存在技术瓶颈，导致已商用的人工智能产品可能有明显的能力和适用场景局限，例如已商用的 L3 级奥迪 A8 半自动驾驶汽车在紧急突发状况时仍需人类直接控制处理。但是，由于人类未充分了解或重视人工智能系统的能力局限而过于信任它们，在超出其处理能力的情况仍盲目依赖他们或在需人类接管控制权限时无法及时应对处理，则可能引发严重安全事故。例如，自适应巡航控制功能在汽车直接跟随另一辆行驶中的汽车时运行良好，但不能发现静止的物体，在现实生活中往往有很多驾驶员由于对该功能过于信任而致使汽车撞上静止的物体。

（四）大规模恶性网络信息安全事故将极大推迟产业化进程

智能化、网联化是人工智能系统的主要特点。随着人工智能系

[1] 《Driving to Safety：How many miles of driving would it take to demonstrate autonomous vehicle reliability?》

[2] 《AAA 调查：绝大多数美国人害怕自动驾驶》

统攻击价值以及黑客、敌对势力对智能系统关注度的提升，人工智能系统将成为网络攻击的重灾区。若不对人工智能系统的网络信息安全问题加以重视，科幻电影中的场景可能变成现实，例如道路上行驶的自动驾驶汽车被外部控制进而采取自杀式攻击行为等，这将极大打击普通民众购买使用智能系统的信心，摧毁人工智能技术产业化应用前景。

三、人工智能安全风险现状及发展趋势

（一）现阶段，人工智能技术局限是安全风险主要来源

当前人工智能处于以大数据和深度学习为核心驱动力的发展阶段，其存在的尚未克服技术局限将给智能系统安全稳定运行带来严峻挑战。一是人工智能算法不适应开放动态变化的外界环境，运行时可能产生无法预测的错误决策或行为。二是人工智能算法在小数据量训练集或含有大量噪声的数据集上无法取得较好的应用效果。三是人工智能算法不具备人类拥有的常识或大量的背景知识，运行时可能产生不合常理或违背人类伦理道德的决策或行为。四是人工智能算法缺乏透明度和可解释性，给安全监管及事后追责带来极大困难。

（二）可预见未来，外部攻击是主要安全威胁

目前已有大量研究者开展利用人工智能技术缺陷攻击智能系统的研究。例如，利用人工智能对输入数据变化的敏感性，攻击者可对输入数据进行干扰生成对抗样本诱使人工智能系统产生错误输出。2016 年 DefCon 会议上 360 团队利用对抗样本攻击，成功控制特斯拉自动驾驶汽车。而且，未来人工智能专有攻击将和传统的网络攻击技术相互融合增强，构成对智能系统的更大威胁。

（三）未来较长时间内，人工智能安全攻防难度和能力不对等加剧安全风险

目前，已有一些人工智能攻击技术且发展迅速，但是有效的人工智能安全防御技术却非常少，尚属世界性难题。一方面是因为很难为人工智能攻击方法构建理论模型，因此难以形成相应的安全防御理论。另一方面是因为以深度神经网络为代表的人工智能算法缺乏理论支持，无法有效指导设计者构建更好的算法。

四、人工智能安全监管挑战

有效管控人工智能安全风险，保障个人、社会和国家安全的同时，充分发挥人工智能产业创新优势是人工智能安全监管应达到的目标。但是，由于人工智能自身技术及其安全风险的特点，给现有社会各行各业的法律法规、监管政策、监管措施提出严峻挑战。

（一）现有法律法规未考虑人工智能安全

由于应用于社会各行各业的人工智能产品和系统将代替人类进行感知、决策和操作行为，且在售出后的运行过程中可根据输入数据进行自主迭代和更新，这使得人工智能产品和系统是实际的安全事件行为责任人。然而，现行法律法规条文是将自然人和法人作为监管和追责对象，未合法化人工智能产品和系统的社会应用，也未区分人工智能产品和系统、生产和销售厂商、使用人的不同责任和义务。以自动驾驶为例，现行的《道路交通安全法》及其配套的法律体系明确要求机动车必须由合格的驾驶员按照规定进行驾驶，尚未考虑到自动驾驶机动车辆这一问题。

（二）现有监管体制、政策和措施难以保障人工智能安全

我国现行的是分行业、分领域的监管体制，而人工智能产品

和系统具有突出的跨界融合的属性，超出了单一国家部委的监管范畴，容易造成监管主体不明、监管政策冲突或遗漏等问题，不利于保障人工智能安全。而且，《哈佛法律与技术》刊登的第一篇文章[1]中指出由于人工智能研发、运行具有的全球分散性[2]、秘密性[3]、不连续性[4]、不透明性[5]、不可预见性[6]、不可解释性[7]等特点，这使得以规制研究和开发行为的生产者准入制度、规范产品质量的产品许可制度为核心的事前监管方式不再适用，并且导致以风险监测及处置、事后追责及赔偿为主的事中和事后监管措施面临困难。

五、我国人工智能安全发展建议

人工智能安全已引起相关国家和国际组织、科技巨头、学术界等多方关注。但是，我国政府、企业目前主要关注于人工智能技术及商业化应用，尚未给予人工智能安全相应的重视，建议我国结合产业发展和网络安全保障需要，加快人工智能相关的法律法规、监管政策及措施、防护技术及产品等方面的研究和部署工作。

[1] 《Regulating Artificial Intelligence System：Risks, Challenges, Competencies, and Strategies》
[2] 分散性：是指人工智能研发人员可能分布在全球的不同地方，人工智能系统的各组件由不同机构提供。
[3] 秘密性：是指人工智能研发不需要投入大量可见的固定资产设施，其设计和研发过程可秘密进行。
[4] 不连续性：是指人工智能的各部件不需要在同一地点同时进行研发。
[5] 不透明性：是指人工智能系统的内部工作模式及各组件之间的相互配合方式是不透明的，而且人工智能系统在设计、研发过程中的缺陷，消费者和下游生产商和销售商很难知晓。
[6] 不可预见性：是指人工智能系统在运行时会产生人类不可预见的决策和行为。
[7] 不可解释性：是指人类无法理解人工智能系统产生决策、行为、错误的原因。

（一）国家战略层面重视人工智能安全

将安全作为重要要素纳入我国人工智能发展顶层设计，开展专项规划和相应法律法规及监管政策的制定或修订。研制和修订自动驾驶、无人机、智能医疗等人工智能重点应用领域安全方面的法律法规，为我国人工智能产业化应用及安全提供法律保障，明确国家各部委人工智能安全监管的职权范围，建立起涵盖人工智能产品和系统设计者、生产者、销售者和使用者的人工智能安全责任承担体系，授权监管机构建立针对人工智能产品和系统的审批认证制度，规定经过监管机构审批认证的人工智能产品和系统只承担有限责任。

（二）加强多部委统筹联合制定人工智能安全监管政策

结合人工智能产业发展趋势和网络信息安全保障需求，针对人工智能重点应用领域组建专家团队充分剖析相应人工智能技术和产品的安全监管挑战及现有政策局限，并提出相应政策建议。建议国家成立部际联合小组，加强多部委统筹，联合制定相应监管政策和措施等，并将拟订的政策和措施公开征求企业和公众意见。多部委联合建立人工智能产品和系统的审批认证制度，确立审批认证前的测试标准与规则，建立审核认证程序，明确认证申请的评判标准。

（三）建立人工智能安全检测认证体系

以政府引导、市场运行为原则建立人工智能安全检测认证体系，加快安全检测认证的国家标准、行业标准和认证技术规范的制定，建立健全人工智能产品和系统的整机及关键零部件安全检测认证平台，引导企业申请认证，引领市场采信证书。检测认证平台将建立人工智能产品和系统的质量追溯体系、从认证机构到企业产品的信用档案和“黑名单”，并将有关信息纳入全国信用信息共享平台向社会公开，推动认证结果在财政专项、金融信贷、税收减免、重大工程等政策中的采信使用。

（四）加强人工智能安全理论和技术研究

引导多方面社会资源加大持续投资力度，大力支持科研人员和安全企业在人工智能安全攻击和防御技术的研究。引导企业积极参与国际人工智能安全标准的制定或修订，加快完善我国人工智能安全标准体系。探索人工智能重点应用领域最佳安全实践，研发智能系统安全风险监测识别和安全防护产品，提高智能系统安全水平。

（五）加快布局和完善人工智能安全生态

积极建立人工智能安全产学研协同创新共同体，找准人工智能安全的重点和薄弱点，制订人工智能安全产业发展路线图，构建我国产学研结合的人工智能安全生态。高校和科研机构突破重点关键技术，寻求突破或规避现有人工智能技术局限的方法；人工智能企业积极研发和运用更先进和更安全的人工智能技术；安全公司探索人工智能安全攻防技术和产品并提供人工智能安全服务能力，形成完整人工智能安全产业链。

（撰稿人：景慧昀）

工业互联网安全挑战与应对策略

摘要：在互联网与传统行业大融合、大变革的时代背景下，为服务工业网络化、智能化的发展需求，工业互联网快速兴起，成为支撑工业转型升级的关键信息基础设施，对推动我国经济发展意义重大。然而，工业互联网的迅猛发展打破了工业原有的安全环境，带来种种网络安全问题和风险。安全是发展的前提，工业互联网亟须在发展之初，结合自身面临的安全问题和挑战，对安全管理制度和措施进行体系化的设计，构建起工业互联网安全保障体系。

一、工业互联网概念内涵

当前，互联网创新发展与新工业革命正处于历史性交汇期，互联网由消费领域向生产领域快速延伸，工业经济由数字化向网络化、智能化深度拓展。工业互联网是满足工业智能化发展需求，具有低时延、高可靠、广覆盖特点的关键网络基础设施，是新一代信息通信技术与先进制造业深度融合所形成的新兴业态与应用模式。工业互联网深刻变革传统工业的创新、生产、管理、服务方式，催生新技术、新模式、新业态、新产业，正成为繁荣数字经济的新基石、创新网络国际治理的新途径，也是统筹“制造强国”“网络强国”建设的新引擎。

工业互联网包括网络、平台、安全三大体系。其中，网络体系是基础。工业互联网将连接对象延伸到工业全系统、全产业链、全价值链，可实现人、物品、机器、车间、企业等全要素，以及设计、研发、生产、管理、服务等各环节的泛在深度互联。平台体系是核心。工业互联网平台作为工业智能化发展的核心载体，实现海量异构数据汇聚与建模分析、工业制造能力标准化与服务化、工业经验知识软件化与模块化，以及各类创新应用开发与运行，支撑生产智能决策、业务模式创新、资源优化配置和产业生态培育。安全体系是保障。建设满足工业需求的安全技术体系和管理体系，增强设备、网络、控制、应用和数据的安全保障能力，识别和抵御安全威胁，化解各种安全风险，构建工业智能化发展的安全可信环境。

二、工业互联网面临的安全风险与挑战

工业互联网的快速发展使得传统工业相对安全的制造环境被打破，外部攻击风险增大，工业互联网自身的责任划分、产业布局、能力建设、人才培养等方面的不足也逐渐显现，内外安全问题交织，呈现以下新特点。

（一）工业互联网面临“一点突破，全网皆失”的安全风险，网络攻击危害严重

传统工厂网络环境相对封闭可信，通过与外部网络隔离实现安全防护，基本不具备防范网络攻击的能力。随着工业领域网络化、智能化的推进，工厂内部网络与互联网逐步打通，传统互联网病毒、木马、高级持续性攻击等网络风险向工厂内蔓延，一旦某个环节被突破，全网将处于易受攻击的高风险状态。同时，工业领域涉及电力、能源、交通等关系国计民生的重要行业，一旦受到攻击，网络安全问题与生产安全问题交织影响，不仅会产生重大网络安全事

件，甚至造成人民生命财产安全，影响经济社会稳定，危害国家安全。伊朗震网事件、乌克兰电网事件已为我们敲响了警钟。

（二）网络边界急剧扩张，新型安全风险管理和安全事件应急能力不够

传统工业领域使用的机械装备功能单一，基本不具备联网、分析、决策等复杂功能。随着工业互联网的发展，生产装备由机械化向高度智能化演进，智能机床、工业机器人等智能网联装备将大量部署于未来的工业互联网中，网络边界急剧扩张。此类设备不仅是网络攻击的对象，一旦被控制成为攻击源发动攻击，其破坏力将成指数级放大。2016 年美国发生大规模断网事件，系黑客通过 Mirai 僵尸网络控制大量摄像头、打印机等联网设备发动攻击。当前，针对智能网联装备的漏洞、后门等安全风险，美国已紧急发布了《保障物联网安全战略原则》，国内尚未形成有效的安全管理机制，针对此类安全事件缺乏高效的应急响应能力。

（三）跨国公司加紧布局全球性工业互联网平台，产业安全可控问题不容小觑

以通用电气（GE）的 Predix 平台为代表，工业互联网平台是将各种工业资产设备和供应商连接并接入云端的软件平台，能够为企业提供资产性能管理和运营优化等数字化服务。工业互联网平台是高端制造生态的核心竞争力，已成为国际巨头争夺工业互联网主导权的焦点，GE（通用）、SIEMENS（西门子）、Microsoft（微软）、SAP 等跨国企业已在全球部署各自平台，如 GE 已在全球 4 个数据中心部署 Predix 平台，并与中国电信合作积极寻求在我国落地。此外，我国 PLC 设备、SCADA 系统严重依赖国外，如不加快推进包括工业互联网平台在内的产业整体布局，我国实现工业智能化的核

心能力将依赖于跨国寡头，极有可能再次被锁定在价值链底端，自主可控能力将被极大削弱。

（四）工业互联网主体安全责任划分模糊不明，安全监管和制度体系尚未建立

工业互联网不仅涉及制造业、电力、交通等众多行业，也涉及装备、控制系统、数据、网络、应用等层面，在这种融合状态下，安全管理、协调等各层面的职能关系尚未厘清，监管职责分散于各个行业主管部门，尚未形成责权清晰的监管体系。同时，工业互联网涉及研发设计、生产制造、产品流通及售后服务等全产业链多个环节，运营单位、工业互联网平台提供商等多方主体在保护工业互联网安全方面的法律责任和义务划分不清晰，难以有效督促企业落实工业互联网安全保护要求。

（五）传统工业领域行业局限性明显，安全防护水平难以快速提升

工业领域有其自身的行业特点，相比于安全性，更注重实时性和可靠性，漏洞修复、系统防护软件升级等安全措施难以快速更新迭代，导致工业系统维护能力不足。此外，工业设备升级换代周期长，生产装备、操作系统滞后于时代发展，无法适配新型安全防护技术及机制等。从企业角度看，工业企业普遍存在重发展轻安全的情况，对工业互联网安全缺乏足够认识，安全防护投入较低，安全产品、安全解决方案应用水平不高，实力薄弱的中小企业更是缺乏配套资金及人力部署安全措施。

（六）工业互联网对安全要求较高，安全技术能力建设不足

工业互联网可能是未来网络战的重点攻击目标，对安全能力提出了更高要求。美国已建立爱达荷、桑迪亚等多个国家实验室，德

国成立弗劳恩霍夫应用研究促进协会，夯实工业领域安全技术储备，在工业互联网安全方面具有先发优势。我国整体工业互联网安全才刚开始起步建设，在传统工业领域应对新型攻击的安全能力不足，尚未形成国家级、有组织工业安全运行监测、网络安全事件监测发现、精准预警、快速处置和有效溯源的全网态势感知技术手段。随着工业互联网发展，针对标识解析体系、工业互联网平台、工业控制系统、工业大数据等的配套安全能力建设也需要高度重视。

（七）传统人才培养呈 T 形结构，熟悉网络安全领域与工业领域的复合型人才短缺

当前，我国人才培养呈现 T 形结构，要求基础知识宽泛扎实，但对专业知识的培养局限于单一领域。工业互联网是工业和信息化深度融合的产物，为应对未来工业互联网发展带来的复杂问题，需要大量基础面宽、一专多能、多专多能的人才。此类安全人才不仅要掌握网络安全专业知识，又要熟悉工厂环境的应用场景。当前，复合型人才短缺，现有网络安全人才水平还不能更好地满足工业互联网发展需求。

三、构建工业互联网安全保障体系的对策建议

牢固树立正确安全观，坚持“安全是发展的前提，发展是安全的保障”，坚持“安全和发展相同步”“管理和服务相结合”的原则，强化技术、产业和应用的安全可控，切实防范、控制和化解各类安全风险，着力打造数字空间与物理空间一体化的工业互联网安全保障体系。

（一）构建工业互联网安全责任体系和制度环境

（1）深入贯彻落实《网络安全法》，明确安全监管部门、各行

业主管部门、行业企业、工业互联网平台提供商等不同主体的法律责任和义务，构建权责分明的工业互联网安全责任体系。

（2）研究建立工业互联网安全防护工作体系，与现有通信网络安全防护管理体系、工业控制系统安全防护体系做好衔接，统筹协调不同行业主管部门联合开展针对工业互联网的安全检查和风险评估，督促指导各责任主体落实安全防护要求。

（3）制订出台工业互联网安全指导性文件，指导企业开展工业互联网安全防护工作。

（4）完善工业互联网安全信息共享和突发事件应急处置机制，建设针对工业互联网的木马病毒样本库、漏洞库等。

（二）强化国家层面的工业互联网产业整体布局

（1）重点突破工业互联网核心技术瓶颈，支持国内相关厂商与科研院所强强联合，研发应用广泛但严重依赖国外的工业软硬件产品，如大型 PLC 设备、高端 SCADA 系统等。

（2）加强工业互联网核心环节如工业互联网平台的自主研发与部署，带动相关产业形成工业互联网自主发展的产业生态链。

（3）着力推动国产工业互联网软硬件产品和平台的市场应用，鼓励和支持能源、电力、制造、交通等重点行业采用国产技术和产品，以推动国产化应用，促进工业互联网产业发展。

（三）打造工业互联网安全防护体系

（1）突出重点，分类施策，对能源、电力、制造、交通等重点行业工业互联网加强安全防护，并纳入国家关键信息基础设施安全保障体系，为安全能力不足的中小企业提供公共安全服务，帮助企业及时发现安全隐患，增强风险防范能力。

（2）加强工业互联网标识解析系统、工业互联网平台、工业控制系统等基础设施安全防护，推动安全解决方案在重点行业的应用。

（3）强化重要工业数据和个人信息保护，严格落实现有网络数据和个人信息保护相关政策要求，加强针对核设施、化学生物、国防军工等领域重要工业数据以及个人信息出境安全评估。

（四）建立工业互联网安全标准和评估认证体系

（1）研究制定工业互联网安全标准体系，明确标识解析系统、工业互联网平台、工业大数据、工业控制系统等安全防护要求，推动安全标准在各行业的应用，指导工业企业开展安全保障体系建设。

（2）推动构建工业互联网安全认证体系，依托工业互联网产业联盟倡导企业开展安全能力评估和认证，加强宣传推广形成行业标杆，引领工业互联网全行业安全防护能力不断提升。

（五）推动工业互联网安全技术研发和应用示范

（1）推动适用于工业互联网的工业防火墙、入侵检测、安全审计等一系列安全技术和产品研发，发展具有行业针对性的安全解决方案，切实推动工业互联网安全技术创新的全面应用和产业化。

（2）选取能源、电力、制造、交通等典型行业，组织开展安全监测预警、工业互联网平台和大数据防护等重点方向的试点、示范，形成一批工业互联网安全防护的典型方案与最佳实践，依托工业互联网产业联盟强化产业互动，发挥试点、示范的带动促进作用，引导企业加强安全保障能力建设。

（六）建设国家级工业互联网安全技术平台

（1）结合重点行业的典型体系架构特征，建设能源、电力、制造、交通等行业安全模拟仿真和技术试验平台，开展安全技术试验、安全标准验证等相关工作。

（2）依托工业互联网产业联盟，建设安全评测公共服务平台，为中小工业企业提供安全评测和风险评估服务。

（3）建设工业互联网安全监测预警与态势感知平台，实现重点行业以及跨行业安全态势的全天候、全方位感知，为政府主管部门和重点行业、企业开展风险预警和防范提供技术支撑。

（4）建设国家级工业安全运行监测平台，实现全国工业互联网运行安全监测和管理。

（七）加强工业互联网安全人才培养和支撑队伍建设

（1）鼓励高等院校和安全企业联合开展工业互联网安全复合型人才培养，组织开展行业安全应用实践，建立工业互联安全领域专业人才库。

（2）聚拢业界高端专家，支持开展工业互联网安全岗位教育、安全技能培训、安全解决方案设计、安全评测评估以及安全事件研判等，打造国家级工业互联网安全技术支撑队伍。

（3）开展工业互联网安全人才等级评定，鼓励企业加强员工安全意识和安全技能培训。

（撰稿人：杜　霖）

大数据安全问题分析及对策建议

摘要：随着大数据时代的到来，大数据技术为经济社会发展带来创新活力的同时，也使传统网络安全防护面临严重威胁与全新挑战。本文介绍了大数据技术及产业发展的有关背景，从数据安全、个人信息保护及大数据平台自身安全三个方面梳理大数据技术应用面临的安全挑战，提出我国强化大数据安全保障的对策建议。

一、大数据发展状况及安全问题简介

大数据的概念起源于2000年前后，伴随着互联网应用发展而诞生。当时，互联网网页爆发式增长，数据量激增，为了提高用户检索信息的效率，谷歌等公司开始建立索引库以提供搜索服务，成为大数据应用的起点。2012年之后，大数据技术方兴未艾，经过数年蓬勃发展，如今业界对大数据的认识已经基本趋于一致，尤其对于大数据的基本特性已达成共识。

当前，大数据已进入应用发展阶段，技术创新和商业模式创新推动各行业应用逐步成熟，应用创造的价值占市场规模的比重日益增大，成为新的经济增长动力。中国信息通信研究院发布的《中国大数据发展调查报告（2017）》数据显示，2016年中国大数据核心产业的市场规模约为168亿元，较2015年增速达45%。伴随着国家政策激励以及大数据应用模式逐步成熟，未来几年中国大数据市场仍将保持快速增长，预计到 2020 年中国大数据市场规模将达到 578 亿元。

随着数据资产价值持续攀升、大数据产业规模不断壮大，大数据技术在改善社会生产生活的同时，其安全问题也逐渐显现出来。2017 年 1 月，大数据基础软件陷入一场全球范围的大规模勒索攻击，Hadoop 集群被黑客锁定为攻击对象。同时，据 Shodan 互联网设备搜索引擎的分析显示，因 Hadoop 服务器配置不当导致 5120TB 数据暴露在公网上，涉及近 4500 台 HDFS 服务器。同时，近年来全球数据安全事件层出不穷，如何在大数据时代处理好数据安全问题成为全球普遍关注的热点。

大数据分析平台安全与其承载数据的安全同生共息，在数据成为国家基础战略资源和社会基础生产要素的今天，大数据安全与国家安全的关系愈发紧密，在保障国家安全、经济运行、社会稳定等方面发挥愈加关键的作用，亟须采取有效的应对措施以抵御大数据安全风险。

二、大数据安全面临威胁与挑战分析

大数据技术的发展赋予了大数据安全区别于传统数据安全的特殊性。在大数据时代新形势下，数据安全、隐私安全乃至大数据平台安全等均面临新威胁与新风险，做好大数据安全保障工作面临严峻挑战。

（一）大数据时代数据安全保护需求外延扩展，数据保护面临全新挑战

首先，大数据时代，数据被众多联网设备、应用软件采集，数据来源广泛、种类多样，如何保证所采集的数据真实可信以及对输

入数据进行完整性校验，变得至关重要，若利用虚假数据进行分析处理，将影响结果的正确性，甚至造成重大决策失误。其次，海量多源数据在大数据平台汇聚，来自多个用户的数据可能存储在同一个数据池中，并分别被不同用户使用，要在看不见他人数据内容的前提下对数据进行加工利用，即实现数据“可用不可见”，必须强化数据隔离和访问控制，否则将引发数据泄露风险。再者，大数据技术促使数据生命周期由传统的单链条逐渐演变成为复杂多链条形态，增加了共享、交易等环节，且数据应用场景和参与角色愈加多样化，使得数据安全需求外延扩展。此外，利用大数据技术对海量数据进行挖掘分析所得结果可能包含涉及国家安全、经济运行、社会治理等敏感信息，需要对分析结果的共享和披露加强安全管理，一旦泄露，将威胁国家安全与社会稳定。

（二）大数据技术应用使隐私保护和公民权益面临严重威胁

大数据场景下无所不在的数据收集技术、专业多样的数据处理技术，使用户很难确保自己的个人信息被合理收集、使用与清除，进而削弱了用户对其个人信息的自决权利。同时，大数据资源开放和共享的诉求与个人隐私保护存在天然矛盾，为追求最大化数据价值，个人信息被滥用几乎是不可避免的，使个人隐私处于危险境地。此外，利用大数据技术进行深度关联分析、挖掘，可以从看似与个人信息不相关的数据中获得个人隐私，个人信息的概念就此泛化，保护难度直线上升。进一步，大数据技术可能引发自动化决策带来的“数字歧视”等社会公平性问题，例如针对特定个人施加标签以划分等级或进行价格歧视等差别化待遇，侵害公民合法权益。

（三）大数据技术创新演进使传统网络安全技术面临严峻挑战

首先，大数据存储、计算和分析等关键技术的创新演进带动信息系统软硬件架构的全新变革，可能在软件、硬件、协议等多方面引入未知的漏洞隐患，而现有安全防护技术无法抵御未知漏洞带来的安全风险。其次，现有大数据平台大多基于 Hadoop 框架进行二次开发，缺乏有效的安全机制，其安全保障能力仍然比较薄弱。再者，传统网络环境下，网络安全边界相对清晰，而由于大数据技术采用底层复杂、开放的分布式存储和计算架构，使得大数据环境下安全边界变模糊，传统基于边界的安全防护技术不再适用。此外，大数据技术发展催生出新型高级的网络攻击手段，例如针对大数据平台的高级持续性威胁（APT）攻击和大规模分布式拒绝服务（DDoS）攻击时有发生，导致传统检测、防御技术无法有效抵御外界攻击。

三、大数据安全发展的对策建议

面对大数据时代严峻复杂的安全问题，亟须采取针对性的手段措施，构建大数据安全保障体系，为大数据产业健康发展保驾护航。

（一）加强大数据安全立法，明确数据安全主体责任

推动出台电信和互联网行业数据安全保护指导意见，严格规范网络数据的收集、存储、使用和销毁等行为，落实数据生命周期各环节的安全主体责任。立足大数据技术和业务发展现状，进一步细化完善个人信息保护规定，并从严制定相关具体规定或条款，以有效应对当前大数据应用引发的个人信息安全风险。

（二）抓住数据利用和共享合作等关键环节，加强数据安全监管执法

定期开展数据安全监督检查，督促企业加强数据安全风险评估，对发现的问题及时整改。对企业的个人信息开发利用、数据外

包服务的使用、数据共享合作等行为加强安全监管，推行合同范本明确相关主体安全义务和责任。督促企业加强数据安全监测预警，提升突发事件应急处置能力。加大数据安全事件行政执法力度，依法依规对相关涉事企业违法行为进行严厉处罚。

（三）强化技术手段建设，构建大数据安全保障技术体系

基于大数据时代形势特点，建立健全数据安全防护体系，加强数据防攻击、防泄露、防窃取等安全防护技术手段建设，强化数据安全监测、预警、控制和应急处置能力，构建大数据安全保障技术体系。鼓励企业、机构研究开发同态加密、多方安全计算等前沿数据安全保护技术，同时推动数据脱敏、数据审计、数据备份等技术手段在大数据环境下的增强应用，提升大数据环境下数据安全保护水平。

（撰稿人：王竹欣、陈　湉）

加强我国卫星互联网安全保障能力建设的建议

摘要：当前，卫星互联网作为卫星通信与互联网融合发展的新领域，是未来网络空间的重要基础设施，是世界各国竞相布局的热点领域。在全球新一轮卫星互联网技术与产业发展的浪潮下，我国既面临着网络基础设施跨越式发展、互联网产业国际化拓展的新机遇，又同时也存在技术产业安全可控能力相对滞后、网络信息安全保障水平亟待提升的新挑战。我国应加强卫星互联网发展的顶层统筹和前瞻布局，全面提升技术产业自主能力，积极防范化解网络与信息安全隐患。

一、卫星互联网的基本情况与发展动向

（一）卫星互联网的发展情况

长期以来，卫星互联网因其潜在的巨大战略价值备受世界各国关注，但受限于通信远距离传输损耗、卫星制造与发射成本高、接收终端尺寸大便携性差等原因，整体发展相对缓慢。然而，随着全球卫星技术与产业的迅猛发展，卫星互联网迎来了创新突破的关键机遇期。

（1）小卫星技术发展使得构建中低轨卫星固定通信信息系统成为可能。近年来，小卫星单星性能、在轨寿命不断提高，星地一体化设计理念、星座编队飞行能力快速发展，其应用领域逐步从技术

试验走向商业化实践。国外卫星互联网公司 O3b 已经利用小卫星在距离地球约 8000 千米的轨道上建立了 12 颗卫星，完成了全球首个宽带中轨卫星固定通信系统构建，并一跃成为太平洋地区最大的互联网服务提供商，年收入达 1 亿美金。

（2）新兴信息技术的融合运用有望改善卫星接收终端的性能和尺寸问题。广泛使用的中低轨卫星有效降低了传输损耗和传输时延，而更高的频率也使得同样尺寸天线的增益更高，进一步促进了卫星接收终端的宽带化。同时，由于相控阵等技术的发展和应用，卫星接收终端对卫星信号的跟踪更灵敏，其设备自身也更便于用户携带和使用。根据国外新兴卫星互联网公司 OneWeb 估计，其卫星终端在集成 2G/3G/4G 以及 WiFi 功能的情况下可以提供最高 50Mbps 的互联网接入速率，大小约为 36cm×16cm。

（3）卫星产业持续发展带动了卫星互联网制造与部署成本的进一步降低。一方面，受益于卫星批量制造带来的规模效应以及技术进步，卫星制造成本相比以往有较大幅度的下降。另一方面，一箭多星等技术的发展进一步提高卫星低成本、批量化部署的能力。如 1998 年铱星一代 66 颗低轨小卫星的制造和部署花费了大约 57 亿美元，而 2016 年开始部署的铱星二代 66 颗低轨小卫星的制造部署总成本预计下降至 29 亿美元，而 OneWeb 公司计划于 2018 年建成的 648 颗低轨卫星构成的全球互联网，其制造和部署成本将不超过 30 亿美元。

（4）各国政府和产业界双轮驱动卫星互联网快速发展。在政府层面，美国早在奥巴马政府时期已在“先进无线通信研究计划”中明确提出了推动新一代空天地一体化铜芯线网络建设的目标，2016 年又再次宣布投资 5000 万美元促进小卫星技术的发展。英国、澳大利亚也分别通过制定国家战略和相应法律，为卫星互联网发展提供长期的政策和资金支持。在产业界层面，OneWeb、SpaceX、O3b等商业卫星公司通过吸纳外资资本、布局卫星轨道频谱资源等方式，持续提升卫星互联网商业化进程。同时，谷歌、脸书等大型互联网企业则分别通过资本投资、战略合作等多种途径加入到卫星互联网业务发展大潮中来。

（二）卫星互联网的发展趋势

从全球看，各国基于宽带化、移动化、全球化的信息通信需求，形成了构建了卫星互联网的两个主要发展方向。

（1）基于Ka波段的宽带同步卫星构建卫星互联网。与传统C、Ku波段宽带卫星通信不同，Ka波段卫星可用的频率带宽达到3.5GHz，是C、Ku波段的3倍以上，再加之其广泛采用的多点波束频率复用技术，使得通信容量远远高于传统的C、Ku波段卫星。2011年发射的Ka波段同步轨道卫星ViaSat-1的容量已达到140Gbps，是通常C、Ku波段卫星的100倍，而2017年6月发射的ViaSat-2容量进一步提高至300Gbps。

（2）以中低轨小卫星组成的卫星集群构建卫星互联网。随着近年来全球小卫星产业的迅猛发展，中低轨卫星相比同步卫星在接入延迟、传输损耗方向的优势进一步凸显，利用小卫星组建中低轨星座从而提供宽带互联网服务日益成为业界关注热点。目前，O3b、OneWeb、SpaceX等大批新型公司正致力于推动上述技术的发展。O3b公司利用小卫星组建的全球首个宽带中轨卫星固定通信系统，现已覆盖哥伦比亚、刚果、南苏丹等在内的热带地区、太平洋岛链、海上钻进平台以及大型邮轮。OneWeb公司则已经获得从太空提供互联网服务的国际无线频谱使用权，SpaceX也已通过挪威政府向

ITU 申报了相应频率和轨位。

二、全球卫星互联网发展对我国的影响与挑战

在全球新一轮卫星互联网技术与产业发展浪潮下，我国发展面临创新发展的新机遇，但同时也带来安全保障的新挑战。

（一）全球卫星互联网发展对我国的积极影响

（1）卫星互联网将为我网络覆盖边远地区和应急通信提供新途径。全球来看，目前仍有超过60%的人口无法上网，这些人大都生活在农村地区或是网络难以建设的沙漠、山地等地质条件恶劣的地区。我国幅员辽阔，海洋领土超过300万平方公里，偏远农村和西部沙漠、戈壁等大部分地区至今仍属于通信盲区，卫星互联网的发展将摆脱边远地区地面环境对网络部署的限制，进一步缩小区域数字鸿沟，为维护我国远洋经济利益提供通信保障。同时，在台风、地震等重大自然灾害情况下，有线光缆、移动基站等传统地面通信系统常常出现严重受损，与之相伴还有道路不通、供电中断等外部不利条件。在这种情况下，卫星互联网将为受灾地区提供快速的应急通信服务。

（2）卫星互联网将为我国互联网产业国际化发展开辟新空间。随着我国“一带一路”战略的深入实施，国际信息通信基础设施互联互通需求不断增长。然而，根据国际电信联盟2016年发布的《衡量信息社会报告》，东南亚、南亚、中东、东北非地区的大多数国家信息基础设施发展水平远低于世界平均水平。为此，我国可通过组建卫星互联网，在较短时间内实现为“一带一路”沿线国家及区域提供宽带互联网接入服务。在实现信息互联互通的同时，国内优秀的互联网应用服务也能借此迅速打开相关国家及地区市场，为促进

我国互联网企业“走出去”提供强大助力。

（二）我国卫星互联网发展面临的安全挑战

（1）卫星互联网自身特性加大了网络与数据安全保护的难度。由于卫星互联网信息传输的开放性、网络拓扑结构的动态性、传输距离的大跨度性，其在空中信道传输数据比传统互联网易遭到攻击，网络数据极易被干扰、截获和篡改。同时，由于卫星设备在存储和计算能力以及电源供电等方面的局限性，传统防火墙、入侵检测系统、计算复杂的加密算法等安全技术方案均部署在地面关口站。此外，与地面系统相比，卫星系统本身的安全漏洞也存在发现难、修复难的问题，使得卫星系统更易受到网络攻击和入侵渗透。

（2）我国卫星互联网技术产业能力相对薄弱带来安全可控风险。从设备终端供应看，我国卫星互联网产业仍处于起步阶段，特别是基于 Ka 波段卫星接收终端射频前端的器件设计和制造等关键技术仍被国外厂商垄断，我国技术产业能力与先进国家存在很大差距。从网络建设运营看，长期以来，我国没有自主研制与运营的卫星移动通信网络，主要通过租赁其他国家和组织的卫星通信系统来满足我国在生产生活、公共交通安全、应急减灾等方面的需求。技术能力不足将进一步导致我国卫星互联网的产业安全可控能力较低。

三、关于加强我国卫星互联网安全保障的建议

（一）加强顶层设计，协同构建卫星互联网安全保障体系

卫星互联网既是卫星通信和互联网融合发展的新兴领域，也是军民融合的重要领域。卫星互联网安全不仅涵盖卫星安全技术研发、设备设计制造、终端进网安全管理、业务运营安全保障等环节，还涉及工信部、科技部、发改委多个产业部门，公安、国安、总参等

国家安全管理部门。应尽快制定我国卫星互联网安全规划，明确我国卫星互联网安全保障能力建设的总体目标、时间表和路线图，确立未来发展的重点方向和优先行动领域，系统构建我国卫星互联网安全保障体系。

（二）加快技术研发，全面提升卫星互联网产业安全可控能力

鉴于我国卫星互联网起步较晚，各领域的技术产业能力不尽相同，建议坚持集成创新和自主研发并举的技术路线。一方面，积极加强与国外卫星互联网企业的联合开放和技术合作，尽快掌握 Ka 波段卫星终端的天线、射频以及基带等重要部件的关键技术；另一方面，以传统卫星波段终端的成熟技术为基础，着重研发具有自主知识产权的基带信号处理算法以及基带芯片，实现基带以及应用部分关键技术的创新突破。此外，结合我国“天通一号”等自主卫星移动通信系统的应用推进工作，同步开展卫星互联网信息加密和网络安全防护技术研究，提高抗攻击抗干扰能力，保障传输数据安全和网络可靠运行。

（三）强化安全防护，切实保障卫星互联网网络与数据安全

结合卫星互联网在接入、传输、应用等不同环节的特征和安全需求，加强卫星系统安全架构设计，研究完善卫星通信网络安全路由、高层空间安全协议、地面接入鉴权认证等安全通信机制，建立起物理层到应用层的安全协议和安全控制措施。同时，加快研发卫星互联网入侵检测、安全监测、身份认证、审计及威胁溯源等安全防护技术，构建系统化、全方位、普适性强的卫星互联网安全防护体系。

（撰稿人：彭志艺、刘婷婷、闫希敏）

政策法规篇

美国自动驾驶安全评估要求及对我国的启示

摘要：2017年6月12日，中国智能网联汽车产业创新联盟成立，工业和信息化部部长苗圩提出从国家战略高度加快推进智能网联汽车发展，并应高度重视其安全问题。美国作为世界上最早制定自动驾驶政策的国家，一直非常重视自动驾驶的安全性。美国高速公路安全管理局2016年颁布了《联邦自动驾驶汽车政策》，针对自动驾驶汽车因智能化、网联化等特性引入的新型安全风险和传统汽车既有的安全风险，提出了科学化、前沿化、体系化的安全评估指导框架，相关安全评估要求对提升我国自动驾驶安全水平有重要借鉴意义。本文在深入剖析政策文件的可借鉴性和不足的基础上，结合我国产业实际发展情况及安全保障需求，针对我国自动驾驶安全方面提出建议。

一、《联邦自动驾驶汽车政策》主要内容

2016年9月，美国高速公路安全管理局（NHTSA）发布了《联邦自动驾驶汽车政策》（以下简称《政策》）。该《政策》在2013年发布的《自动驾驶汽车的初步政策说明》基础上，进一步明确了自动驾驶的监管架构、联邦政府和州政府的监管职责以及适用的监管

措施，并针对自动驾驶的安全风险提出了安全评估要求指导框架，规定自动驾驶汽车应满足这些要求才能上路。

《政策》文件从通用评估要求、个性评估要求两个维度针对自动驾驶研发设计、测试和驾驶过程中的安全风险提出了15项具体评估要求。通用评估要求是指所有自动驾驶汽车均应达到相同的评估指标，要求包括：隐私、系统安全、网络安全、人机交互、耐撞性能、消费者教育与培训、法律遵循、注册和确认[1]、数据记录和共享[2]、测试与认证、符合道德伦理规范共11项。个性评估要求是指不同自动驾驶汽车满足各自研发设计时预设的特定指标，包括：设计的可操控环境[3]、物体和事件的探测和响应[4]、应急措施、碰撞后车辆表现共4项。

二、安全评估要求剖析

安全评估在保障自动驾驶汽车质量安全、引导产业进步升级、规范市场秩序等方面发挥着重要基础性作用。《政策》提出的安全评估要求具有前沿性、科学性、全面性和可操作性等特点。

（一）全球前瞻性，助力美国获取全球自动驾驶产业主导权

《政策》从促进自动驾驶产业发展、助力美国制造业再振兴战

---

❶ 注册和确认是指NHTSA要求自动驾驶汽车及其设备生产厂商向其提交身份信息，告知其所生产的设备名目。

❷ 数据记录和共享是指NHTSA要求自动驾驶汽车生产厂商和其他相关企业应当具有数据记录程序，可以对测试、驾驶时发生交通事故的数据信息进行收集和存储。

❸ 设计的可操控环境是指自动驾驶汽车在研发设计时设定的汽车可安全稳定运行的各种环境，包括：道路类型、可驾驶地理区域、时速范围、白天/黑夜、天气等。

❹ 物体和事件的探测和响应是指自动驾驶汽车对突发情况探测和应对的能力，在正常驾驶情况下，自动驾驶汽车有能力根据交通条件适时调整驾驶行为；在特殊情况下，自动驾驶汽车有能力避免交通事故的发生。

略实施的高度，全球首次提出系统化的自动驾驶安全监管政策和安全评估要求框架。美国在自动驾驶政策和测试评估方面的领先优势，以及硅谷等科技资源的虹吸效应，使得美国成为全球自动驾驶测试和研发的大本营。截至2018年2月28日，全球共有50家公司获得美国加州车辆管理局颁发的自动驾驶汽车公共道路测试许可。这些公司中既有大众、奔驰、宝马、本田、日产等欧美日的传统汽车厂商，也有谷歌、Uber、百度、Drive.ai等全球互联网巨头和创业公司。自动驾驶测试厂商的聚集，进一步吸引更多相关产业链的企业进驻美国，推动自动驾驶技术的研发和革新。

（二）配套监管措施，保障安全评估要求实施

为督促制造商和其他相关企业切实遵守安全评估要求，《政策》中明确规定了四方面监管要求。一是建立道路测试许可和检验认证制度，自动驾驶汽车制造商只有通过第三方机构检验确认车辆能够应对实际道路驾驶场景才能获得各州道路测试许可；二是建立登记注册制度，制造商和相关设备生产商需向各州监管部门提交主体信息，并且研发的自动驾驶汽车以及对自动驾驶功能进行新增或升级等都需进行登记注册；三是建立交通事故数据记录和共享制度，自动驾驶汽车应当记录发生事故时系统全面信息的能力，相关信息应定期上报各州监管部门及美国高速公路安全管理局（NHTSA），且相关信息能够在不同企业间进行合法分享；四是建立教育和培训制度，制造商应对员工、经销商、消费者等群体开展教育和培训，保证他们可以合理、有效、安全使用自动驾驶汽车。

（三）较强科学性，有效应对自动驾驶特有安全风险

自动驾驶汽车安全风险包括多种传统汽车既有安全风险，以及自动驾驶汽车因智能化、网联化、人机交互协同引发的自动驾驶行

为安全风险[1]、人机交互安全风险[2]、网络信息安全风险[3]等自动驾驶特有的安全风险。《政策》针对自动驾驶特有安全风险提出了具体安全评估要求。例如，针对自动驾驶行为安全风险，《政策》提出了"设计的可操控环境、物体和事件的探测和响应、应急措施、符合道德伦理规范"四项评估要求，并在物体和事件的探测和响应中特别提出，自动驾驶汽车在正常驾驶情况下应具有根据交通条件适时调整驾驶行为的能力，并在特殊情况下能合理预见《政策》中规定的交通事故。

《政策》中自动驾驶安全评估的前瞻性、科学性对我国开展自动驾驶安全评估有重要参考意义，但其在安全评估的全面性和可操作性方面仍有待完善。

（一）全面性尚有不足，留有安全隐患

安全评估要求未充分重视自动驾驶面临的自然和环境安全风险[4]以及功能安全风险[5]。

（1）针对环境和自然安全风险，《政策》未提出具体的应对措施和评估要求。但是环境和自然安全风险对自动驾驶汽车的安全稳定运行有重要影响，例如强光、积雪、暴雨、高低温等极端恶劣天气和复杂电磁环境将直接影响自动驾驶汽车各类传感器的精准度以

---

[1] 自动驾驶行为安全风险是指因自动驾驶系统的驾驶能力和模式不满足当前道路环境驾驶需求而引发的风险。

[2] 人机交互安全风险则是指非全自动驾驶汽车因无法在自动驾驶模式和人操控模式间正常、及时切换而引发的风险。

[3] 网络信息安全风险是指黑客、敌对势力等对自动驾驶汽车发动攻击带来的安全风险。

[4] 自然和环境安全风险是指因雷电、暴雨、积雪、强光以及供电不足、电磁干扰、静电等恶劣自然或物理环境给自动驾驶系统驾驶能力带来的安全风险。

[5] 功能安全风险是指因汽车的硬件随机失效、系统失效、软件错误而引发的传统汽车既有的安全风险。

及自动驾驶系统决策的准确性。

（2）针对功能安全风险，《政策》仅要求自动驾驶满足已有机动车辆功能安全标准和规范，针对自动驾驶独特性质引发的功能安全风险考虑较少，尚未形成体系化和可操作的要求。《政策》在应对上述安全风险方面的欠缺，将为自动驾驶汽车安全留下隐患。

（二）可操作性不强，后续仍需细化

目前《政策》只提出框架性安全评估要求，未给出相应的安全标准、评估方法和技术、评价指标等指导安全评估实施的配套措施。

（1）在安全标准和评估方法方面，目前没有自动驾驶行为安全、人机交互安全、物理和自然环境安全的国际或行业标准。而且现有的汽车功能安全标准[1]和网络信息安全标准[2]中，均未考虑自动驾驶因智能化特点新增的安全需求。安全标准的缺失，直接影响了评估方法、技术和流程的研发和制定。

（2）在评价指标方面，安全评估要求仅规定由制造商和其他相关企业针对各项评估要求自行开展评估，未给出各厂商应遵循且第三方机构可测试评估的具体量化指标。

三、我国自动驾驶产业及安全监管现状与建议

我国将智能网联汽车视为汽车产业转型升级、由大变强的重要突破口，积极鼓励无人驾驶创新发展，并且在无人驾驶技术和商业化方面已具有一定比较优势。但是，相对技术和产业的快速发展，我国无人驾驶立法和安全监管相对滞后。为加速自动驾驶产业商业化进程，增强对全球资本和无人驾驶先进技术的吸引力，尽快修订

---

[1] 汽车行业已有的汽车功能安全国际标准（ISO/IEC 26262 等）。
[2] 汽车行业已有的网络信息安全国际标准（SAE J3061 等）。

完善我国无人驾驶法律法规，建立健全相关配套安全监管体系、安全标准以及安全评估要求是关键。针对现状，对我国自动驾驶安全监管提出以下建议：

（一）制定完善我国自动驾驶路测和商用的法律及监管制度

建议尽快出台国家层面的自动驾驶顶层设计以及相应的法律和监管框架，加强自动驾驶管理相关部委间协调，共同创新监管措施。建立跨部委安全评估机制，减少精准地图信息采集方面的限制，鼓励自动驾驶投入商业应用并制定相应的安全事故责任认定和保险赔偿制度，建立我国自动驾驶汽车检验检测认证体系，建立基于认证采信、社会公告、信用评价等多种方式的监管制度，组建专家团队为监管部门提供专业技术知识和相关政策建议。

（二）加强对新兴信息技术引发的自动驾驶汽车安全风险的监管

建议充分考虑自动驾驶汽车鲜明的跨界融合特征以及人工智能、车联网通信等新兴信息技术引发的汽车安全风险，在现有交通运输部、公安部等对汽车安全监管的基础上，充分发挥通信行业主管部门对信息技术及产业安全监管的经验和优势，联合加强对自动驾驶汽车的安全监管。建议建立针对自动驾驶汽车因智能化、网联化特点引发安全风险的事前安全评估和认证、事中实时安全风险监测预警和应急处置、事后惩处和退出的通信行业安全监管措施。

（三）积极参与国际标准制定，加快完善我国标准体系

鼓励我国科研机构、企业结合自身技术优势积极向ISO、IEC、SAE等国际组织提交标准文稿，主动参与自动驾驶行为安全、人机交互安全以及自然和环境安全等相关领域标准研究，以占领先机，获得自动驾驶安全技术主动权。同时，对标国际标准，在现有智能网联汽车国家标准体系框架内，加快相应标准的制修订过程。

（四）培育第三方自动驾驶安全评估队伍和人员

尽快健全我国自动驾驶安全测试认证的申请流程规范，建立第三方自动驾驶安全评估队伍，建设无人驾驶安全评估平台，突破模拟测试、场地测试和实际道路测试中面临的大规模道路场景数据采集、模拟数据生成等评测技术难点。同时，推动建立政府部门、科研机构、行业组织、企业等多方共同参与的人工智能安全风险管控机制，建立无人驾驶行业安全风险及安全事件数据共享及通报机制。

（撰稿人：景慧昀）

美欧自动驾驶网络安全相关法律政策的着力点

摘要：2017年以来，美、英、德等汽车工业大国相继发力自动驾驶法律政策及标准的出台，其中，网络安全作为该行业未来发展避无可避的重大问题（困难），各国都进行了探索性规定，一些条文能够体现出这些国家立法和监管机构对于自动驾驶网络安全部分思路逐步清晰，相关政策着力点也已初步探明。建议我国相关部门予以关注，尽早准备，在保障自动驾驶车辆安全、民众生命安全的同时为自动驾驶加快产业化扫清障碍。

一、新近出台相关法律政策概况

2017年对自动驾驶而言，具有标杆意义。以美、英、德为代表的汽车工业大国，相继发力自动驾驶立法，密集出台相关政策标准，为本国订立自动驾驶行业监管框架，给自动驾驶厂商划定权利义务范围，对涉及自动驾驶汽车（系统）的生产、测试、销售等进行方向性指引，其中，不乏具有奠基意义的基本法律（政策、战略）规则，比如，6月德国出台《道路交通法第八修正案》、8月英国出台《联网和自动驾驶汽车网络安全核心原则》，以及9月美国出台《自动驾驶法案（提案）》。

在上述法律政策文件中，与自动驾驶相关的网络安全问题无一例外都是其中的重要组成部分。形式上，有些直接以法律条文的形式明确规定；有些是留下法律接口，要求监管部门在一定期限内出台统一标准；有些则比较保守，认为自动驾驶网络安全是动态变化的新问题，立法和监管机构缺乏能够理解线下问题和预测未来发展方向的汽车网络安全专业人士，故而希望未来以修正法律的形式对具体规则再行补充。内容上，大多以“试探”为主，没有一部法律、政策致力于解决自动驾驶网络安全的全部问题，但值得注意的是，这些法律政策还是在一定程度上提供了解决问题的原则和方向，比如，英国《联网和自动驾驶汽车网络安全核心原则》。方法上，要求汽车厂商同时遵循新立法中的自动驾驶网络安全条文和该国已有的通用网络安全政策标准，另外，对于那些与自动驾驶有交叉关系的行业立法也需要遵循，比如电信行业和交通行业的网络安全标准。以美国为例，汽车厂商需要遵循的法律、政策和标准包括（但不限于）：其一，自动驾驶类，美国交通部2016年发布的《联邦自动驾驶汽车政策》、美国汽车工程师学会 SAE 于 2016 年发布的 SAE J3061《信息物理汽车系统网络安全指南》等；其二，通用网络安全类，美国商务部国家标准技术研究院（National Institute for Standards and Technology，NIST）出台的《网络安全架构》；其三，特定交叉行业网络安全类，比如全美移动电话制造商联合会（the Alliance of Automobile Manufacturers）出台的网络安全标准。

考虑到美欧和我国部分术语称谓的不同，下文所称“自动驾驶汽车”（Automated Vehicles），是以美欧等国现行立法成例、已出台政策和相关标准为参照，国内则以目前“智能网联汽车”“无人驾驶汽车”等表述为对标。具体到自动驾驶网络安全相关描述，参照美国汽车工程师学会（SAE）对自动驾驶0～6级分类，特指其中的

3～5级带有部分自动驾驶功能，或者具有高度自动驾驶功能的车辆，对于3级以下，由于其相关问题与普通网络安全问题并无太大差别，因此不在本文考虑范围；对于SAE的6级完全无人驾驶，由于是未来自动驾驶的最高理想状态，势必牵涉未来整个交通体系的大变革，难度和时间都难以预料，因而也不在本文考虑范围。值得注意的是，美欧各国目前已经出台的自动驾驶法律、政策、标准及相应准则，其规范对象也大多是SAE分类的3～5级自动驾驶汽车。

二、法律政策的具体着力点

（一）要求将网络安全思维融入车辆全生命周期

自动驾驶产业链覆盖了汽车、通信、人工智能、交通运输等众多行业，涵盖众多利益相关方，比如元器件供应商、整车厂商、软硬件技术提供商、电信运营商、信息服务提供商等。众多的安全防护对象不可避免地拉长了安全防护环节，从设计、生产制造、装配、在途运输、销售、改装、使用等所有环节都可能产生网络安全问题，鉴于此，美欧等国要求将网络安全思维贯穿到自动驾驶的所有环节，以确保将自动驾驶汽车遭到网络攻击的可能性降到最低。

美国交通部《联邦自动驾驶汽车政策》要求将网络安全思维纳入车辆设计、制造和销售等全部过程，对每一步流程进行网络安全管控。美国汽车工程师协会《信息物理汽车系统网络安全指南》（SAE J3061）作为专门的汽车网络安全过程框架，要求把网络安全融入车辆研发、生成、测试、安全响应等整个生命周期，为识别和评估网络安全威胁提供指导。英国《联网和自动驾驶汽车网络安全核心原则》也秉持同样原则，明确要求车辆设计者、工程人员、制造人员、销售人员及公司高管，在车辆设计、开发、生产制造、销售、售后服务等所有阶段都要树立网络安全思维，将网络安全相关事宜贯穿自动驾驶汽车的全生命周期。

（二）向自动驾驶汽车厂商施加强制性网络安全义务

汽车厂商需要承担的安全责任，与自动驾驶程度密切相关。按照目前业界普遍认可的美国汽车工程师学会（SAE）对自动驾驶0～6级分类，理论上，从3级开始，随着自动驾驶层级逐步增高，人类驾驶员也逐步退出车辆驾驶，直至6级完全无人驾驶，在这一过程中，安全责任事故逐步从人类驾驶员转移给汽车自动驾驶系统，而车辆厂商则需要逐步承接被转移过来的车辆安全责任，其中自然也包括自动驾驶网络安全。目前，美欧等国大多确认自动驾驶厂商需要承担网络安全义务，但具体方式还在探索阶段，大多都是参照传统网络安全的方法，比如，要求车辆厂商拟定网络安全计划，对员工进行网络安全培训，设置专门的责任人员，建立网络安全联络点等。

美国《自动驾驶法案》第5章为“自动驾驶系统的网络安全”，要求车辆厂商必须制定详细的网络安全计划，否则不允许其销售、运输或者进口任何高度自动化车辆、带有部分自动驾驶功能的车辆，以及自动驾驶系统。网络安全计划包括：

（1）对如何检测和应对网络攻击、未授权入侵、错误、虚假的信息或者车辆控制指令的实践策略进行说明，具体的：①识别确认、评估和减轻合理的可预测的安全漏洞的程序，这些漏洞一般来自网络攻击或者未经授权的侵入；②对高度自动化车辆或者带有部分自动化功能的车辆所采取的网络安全预防措施和威胁事件补救行动，包括事件应对计划、入侵检测和预防系统，以及因时因地因环境变化而采取的车辆网络安全升级计划。

（2）指定公司高管专门负责网络安全，或者设立公司网络安全联络点。

（3）自动驾驶系统的限制访问程序。

（4）对员工进行网络安全培训，对上述网络安全规则监督执行，限制员工私自访问自动驾驶系统。

（三）文档溯源、信息共享、网络监控等方面的要求高于一般网络安全要求

与普通网络安全大多侵害财产权益不同，自动驾驶网络安全侵害的利益主体极有可能是人类的生命安全。有鉴于此，自动驾驶网络安全与一般的普遍意义上的网络安全不可同日而语。从美欧等国目前已出台的法律政策来看，着重从文档溯源、信息共享、态势感知等方面，从严规定。

对于文档溯源，主要是从发生安全事故之后的证据追查角度，要求网络安全文件存档完整，必要时可提供给执法机构作为证据进行溯源。美国交通部 NHTSA《联邦自动驾驶汽车政策》要求自动驾驶网络安全相关工作用文档记录，对所有行动、变化、设计选择、分析过程，相关联的测试和数据，都保存齐备，并探索建立一套强大的文件控制、索引、追溯系统（机制），以便在出现安全责任事故之后，能够逆向追溯，找到最初的源头。

对于信息共享，主要是从发生安全事故之后竭力避免行业内其他车辆厂商再经历同样安全攻击，避开同样安全漏洞的角度。美国《联邦自动驾驶汽车政策》认为，网络安全威胁信息共享的重要性在自动驾驶场景下更加凸显，要求行业切实建立起网络安全信息共享机制，自动驾驶企业应当从已经发生的事故、内部测试或者外部的网络安全研究中，将网络安全漏洞第一时间报告给 Auto-ISAC。

对于网络监控（态势感知），主要是考虑到自动驾驶网络安全环境是动态变化的，因此要求进行全天候全方位态势感知。美国《联邦自动驾驶汽车政策》要求对自动驾驶网络安全进行7×24小时全方位、全天候监控。2016年5月交通部NHTSA出台的车辆网络安全指引性文件也提到，要对自动驾驶网络入侵（黑客）采取全方位监控措施，尤其是对车辆电子系统架构的潜在入侵，必须进行持续性的网络异常流量监控。

（四）对分层分级措施、隔离措施、安全弹性设计等既有做法予以肯定并推广

对于企业已经采用的并被实践证明行之有效的安全措施，法律和政策都进行了肯定，并希望在更大范围推广施行。对于分层分级和隔离措施，目前自动驾驶汽车配备两个APN接入网络，APN1负责车辆控制域通信，通信对端通常是整车厂商私有云平台，安全级别较高。APN2负责信息服务域通信，主要访问公共互联网信息娱乐资源，通信对端可能是整车厂商公共云平台或者第三方应用服务器。车辆控制域和信息服务域采用网络隔离、车内系统隔离、数据隔离等方式来加强网络安全管理。对于安全弹性设计，主要是希望将传统网络安全思路推广到自动驾驶网络安全，即：将安全重点从事前的“保障100%网络安全”的思路转变为事中和事后“攻击不可避免，如何尽快恢复，保障正常行驶”的思路上。

美国交通部NHTSA于2016年出台的车辆网络安全指引性文件（NHTSA and Vehicle Cybersecurity）明确提出对自动驾驶网络安全采取分层保护的方式，以使得车辆电子架构免遭网络攻击，以及即使在遭受网络攻击的情况下，车辆的自动驾驶系统依然能够保证最基本的运行安全。具体的，要求采取保护性措施和技术，比如对车

辆核心安全控制系统进行孤立（断开与其他系统的连接）、单独加密解密等。英国交通部、国家基础设施保护中心（CPNI）、联网和自动驾驶汽车中心共同发布《联网和自动驾驶汽车网络安全核心原则》将“系统设计以具有安全弹性为目标，即使攻击防御失败或传感器失灵，系统依然能够运行如常”为八项核心原则之一。

（五）适应动态环境，应时应地调整网络安全固有思维

鉴于自动驾驶产业和网络安全技术的飞速发展，以及自动驾驶网络安全环境的动态变化，美欧等国立法机构和监管部门都意识到，目前出台的任何一部法律、政策、指引，都不可能穷尽已经发生的、未来即将发生的所有自动驾驶网络安全问题，基于此，几乎所有的法律政策文件都给未来的修正调整留下了接口。

2017 年 6 月，德国联邦议会颁布《道路交通法第八修正案》对自动驾驶汽车网络安全部分进行了留白，主要原因是德国立法机构认为，目前没有相对成熟的自动驾驶网络安全解决方案，而立法机构也缺乏能够判定未来走向的专业人士。法律规定将根据安全风险和变化环境，每两年进行一次修订，届时对网络安全部分再行补充，也就是说，德国最快将于 2019 年补充出台专门的自动驾驶网络安全法律条文。

三、对我国自动驾驶网络安全相关政策的借鉴意义

目前在我国，自动驾驶产业正在如火如荼的发展过程中，汽车网络安全也已经受到业界越来越多的重视，各大汽车厂商开始成立网络安全相关部门，向互联网安全领域学习经验。同时，360、腾讯等互联网公司也成立车联网安全部门，并不断给特斯拉、福特等企业查找漏洞。

相对于市场主体的热情，建议我国相关立法机构和主管部门，第一，尽快出台自动驾驶网络安全指南，以规范性文件或者推荐标准的形式，为相关市场主体提供从设计、生产制造、装配、在途运输、销售、维修等全环节全流程的网络安全规则遵循。第二，要求自动驾驶厂商参照适用我国已有的网络安全法律、政策、标准，以及与自动驾驶密切相关、产生交集的部门（如电信行业、交通行业）的网络安全规则。第三，鼓励车辆生产企业成立专门的网络安全管理部门，或者配备专门的工作团队，建立网络安全联络点，对员工进行网络安全教育培训。第四，考虑在自动驾驶行业建立统一的网络安全威胁信息共享机制和文档溯源机制，建立全方位全天候态势感知系统，在全行业推广分层分级和隔离等行之有效的安全管理手段。

（撰稿人：沈　玲、何　霞）

美国网络中立政策被废止，电信业迈入轻管制时代

摘要：网络中立是互联网时代的立法难题，也是引发电信和互联网两大产业矛盾丛生的关节点之一。监管机构所面对的，一边是代表产业创新和未来科技发展方向的互联网巨头，另一边则是负责全社会信息基础设施建设和运维的电信运营商，政策出台往往牵涉两大产业利益和未来发展方向。2017 年 12 月 14 日，美国联邦通信委员会（FCC）废除奥巴马时期的网络中立政策，将宽带互联网接入业务由“电信业务”重新划归“信息业务”，要求企业加强自律，FCC 以后不再监管该业务。此外，FCC 将宽带消费者权利保护和网络数据安全等监管权力转给联邦贸易委员会（FTC），自此，美国电信业迈进轻管制时代。

一、网络中立被废除的背景、内容和动因

（一）网络中立立法背景

美国联邦通信委员会（FCC）自克林顿政府时代就试图对网络中立进行立法，至今已有 20 多年历史。期间，围绕着电信业务的分类、电信和互联网两大行业发展空间的权衡、两党政策偏好的博弈等事宜，FCC 一直在“中立”和“不中立”之间徘徊。

2015年2月，受时任总统奥巴马和民主党的鼎力支持，FCC出台网络中立法律——《互联网开放条例》。向网络接入商提出“史上最严”三条禁令：其一，禁止封堵，即禁止网络接入商对合法的内容、应用、服务、无害设备进行封堵。其二，禁止对网络流量进行干预和调控。其三，禁止付费优先，即不允许网络接入商在公共互联网上设立“快车道”，禁止其在收受额外费用的基础上，对部分网络内容的传输给予优先待遇。除此之外，FCC将宽带互联网接入业务（BIAS）从“信息业务”调整为“电信业务”，一举扫清此前对FCC是否具有互联网监管权力的质疑，而FCC具有对BIAS业务的监管权力则是其出台网络中立政策的基本逻辑前提。

（二）主要内容

2017年12月14日，FCC委员会以3:2投票废除《互联网开放条例》。其主要内容包括：第一，废除网络中立政策，放松监管，恢复宽带接入市场自由。FCC声明，对宽带互联网接入业务（BIAS）实施“重度监管”的网络中立政策，增加了整个互联网生态系统的潜在运行成本，因此，FCC将重拾20多年前的“轻管制”方式，以刺激增长，恢复市场的开放和自由。第二，业务分类调整。BIAS由《1934年通信法》第二章“电信业务”重新划归第一章“信息业务”目录之下，由于FCC不监管“信息业务”，因此，业务分类调整之后，FCC不再对BIAS业务和网络接入商提供BIAS业务的行为进行监管。第三，权力限制和部分权力转出。FCC禁止各州监管部门对网络中立进行立法或出台政策。此外，与宽带消费者权利保护、互联网数据安全保护等权力转给联邦贸易委员会（FTC）。第四，要求ISPs自律，增加信息公开透明度，要求向消费者、政府监管机构公开其如何开展网络接入付费优先业务的情况等。

（三）废除动因

根据 2017 年 11 月底《关于重新安排互联网自由相关政策之行政令》（WC Docket No. 17-108），FCC 决定废除网络中立的主要原因是：其一，网络接入业务基本属性的认定变更。FCC 认为，电信运营商提供的宽带接入业务应当是一种有价商品，而不是公共产品，不应当被视同水、电、燃气之类的公共服务事业，不应当采用对公共服务事业的“重度监管”方式。因此，理论上电信运营商有权安排自己的业务经营活动，政府不应监管。其二，电信企业积极性被打击，宽带投资下降。自 2015 年 2 月 FCC 出台网络中立政策之后，美国宽带基础设施投资出现了自 2009 以来的首次回落，2015 年和 2016 年全国 ISPs 宽带投资总和同比分别下降 3%和 2%，而以 AT&T、Verizon、Comcast 等为代表的美国前 8 大运营商在 2015 年和 2016 年的宽带投资总和下降 5.6%。对于这样的结果，美国产业界、经济学界和 FCC 都认为，网络中立政策是打击电信运营商投资积极性的直接原因。

除上述原因之外，我们认为，监管机构领导层变更、美国两党更迭是 FCC 废除网络中立的间接原因。早在 2015 年，时任 FCC 委员的潘基特（AjitPai）在内部投票环节就代表共和党向网络中立投下了反对票，2017 年 2 月，潘基特被特朗普总统提名为 FCC 新主席。公开资料显示，潘基特具有电信运营商背景，曾经是美国电信巨头 Verizon 公司高管。此外，奥巴马时期执政的民主党代表的是硅谷互联网公司的利益，FCC 出台了有利于互联网行业的网络中立政策，而目前执政的共和党代表的是军工、电信、石油、地产等传统行业利益，因此，FCC 新主席、共和党人潘基特上任的第一件重要工作，就是废除网络中立政策。

二、网络中立废除对行业的影响分析

美国FCC网络中立立法历时超过二十年，其中的艰难和犹豫程度可以想象，此次网络中立政策的调整，究其本质，是美国通信监管机构对电信和互联网两大产业之间未来发展空间的再平衡所导致。奥巴马时期，电信企业在推进网络投资建设方面投入巨大，而互联网企业则享受了过多的红利。特朗普上台后通过中立政策调整，让渡一部分红利给电信企业，FCC的立场反转从更深层次上看带有补偿性质。预计网络中立政策的废除将对电信和互联网两大行业分别产生以下影响。

（一）预计美国电信行业将迎来整体利好

电信运营商（宽带业务提供商）将迎来重大利好，预计宽带基础设施投资积极性将会得到明显改善，偏远地区的“数字鸿沟”问题有望重新得到解决。具体到Comcast、Verizon和AT&T等传统电信巨头的权益，一方面，可以在网络上单独辟出“快车道”，按照传输服务质量的好坏向互联网企业收取高低不等的传输费用。另一方面，对自家的内容业务进行优先传送，比如Comcast对于旗下所拥有大型媒体集团NBC环球，Comcast可以优先传送NBC的业务内容。对于特定的流量内容、特定软件和服务，电信运营商有权进行限制。

（二）预计互联网行业将会呈现两极分化态势

网络中立政策废除之后，美国互联网行业向FCC集体表达抗议，其认为，废除网络中立相当于赋予电信运营商操纵互联网流量的权力，并可以歧视性对待互联网企业，最终将加剧互联网行业的两极分化。第一，对于互联网巨头，比如Google、Facebook、Microsoft

等，将被迫向电信企业缴纳所谓“网络快车道”的费用，购买高质量的服务。但由于互联网巨头的雄厚财力，预计不会有太多的负面影响。第二，对于互联网小企业，由于没有网络中立政策的保护，初创企业的网络传输质量可能会下降，传输成本可能会提高，长此以往将影响网络创新与企业成长。也正因为此，美国网络中立支持者认为，“FCC 废除网络中立政策，毁掉的不是 Google，而是下一个 Google”。

三、中美政策比较与启示

（一）中美两国对待网络中立问题有截然不同的政策措施

相对于美国的网络中立政策而言，中国则采用截然不同的管理体制与政策措施来处理网络接入的问题。其一，管理机构。我国电信与互联网市场监管统一归属工信部，有利于对互联网与电信的统一管理和协同发展。其二，业务分类。我国将互联网业务与电信业务统一纳入电信业务目录中，有利于抑制外资准入，保护国内互联网公司。其三，发展权衡。我国一直采取对电信基础业务强管制和对互联网增值业务轻管制，将有利于促进互联网的发展。对涉及电信运营商与互联网企业的网络中立问题没有专门的强制政策，而是“因事而议”。其四，宽带投资。中国电信运营商均为国有企业，美国网络中立政策所导致的电信运营商网络投资下降的现象在中国并未出现。相反，投资依然活跃，全社会的网络设施服务能力大幅提升。

（二）我国应充分重视对中小企业网络接入的问题

提速降费持续深入推进取得明显成效，从消费者层面基本化解了资费高的问题。从互联网企业看，由于大型互联网平台具有雄厚的资金能力，且租用专线多可得到电信运营商的优惠价格和质量保障，但中小企业的接入难、价格高、质量差的问题仍然存在，因此，需要继续通过创新管理方式和出台管制政策来解决中小企业网络接入的问题。

（撰稿人：沈　玲）

治理实践篇

德国禁售智能玩具对我国网络安全管理的启示

摘要：2017 年 2 月，德国联邦网络管理局宣布紧急停售一款能够上网并与人交流的智能玩具，认为不法分子可利用此玩具进行非法监听，窃取个人信息，威胁用户安全。当前，以智能玩具为代表的新型智能产品快速兴起，我国虽未发生与智能玩具相关的网络安全事件，但其引发的网络安全风险和隐患不容小觑，监管部门仍需未雨绸缪。因此，建议我国网络安全管理部门加强新型智能产品的监管力度，督促企业加强设备安全防护，切实增强网络数据安全，有力保障国家网络安全。

一、德国禁售智能玩具事件回顾

2017 年 2 月 17 日，德国联邦网络管理局宣布紧急停售一款名为“凯拉”（Cayla）的智能玩具，并将其列为“非法监听设备”，要求相关经销商停止销售该玩具。“凯拉”由美国玩具厂商“创世纪玩具”生产，该玩具配备了蓝牙、摄像头和微型通话装置，联网后通过第三方的语义分析服务能够与儿童进行交流互动，该玩具自 2015 年上市以来已向世界各地出售了上百万个。

德国监管部门认为，“凯拉”玩具隐藏了摄像头和麦克风，同时具备联网传输数据的能力，一旦遭遇黑客攻击，就可能在用户未察觉的情况下上传用户数据、侵犯用户隐私，甚至威胁用户安全。特别是儿童相关信息更为敏感，更需要监管机构重点保护。根据德国《电信法》第 90 条规定，“禁止拥有、生产、销售、进口或是以其他方式引进伪装成其他产品或日用品，且可在他人没有察觉的情况下监听其非公共性谈话或拍摄其照片的传输设备”，德国监管部门将“凯拉”玩具认定为“非法监听设备”，在德国境内全面下架该玩具，并表示将进一步审查其他具有交流互动功能的儿童玩具，禁止任何能够传送数据且可在用户不知情的状况下录制声音或图像的智能玩具流入德国市场。

二、智能玩具引发的网络安全问题分析

智能玩具已获得越来越多消费者的青睐，根据欧盟科学和知识服务部门联合研究中心测算，2015 年全球智能玩具市场规模约 28 亿美元，预计 2020 年将达到 113 亿美元。同时，智能玩具的网络安全风险也引起了各国监管部门的重视。除德国禁售“凯拉”外，欧洲消费者联盟（BEUC）在 2016 年 12 月也表示了对智能玩具引发网络安全问题的担忧，认为此类玩具涉嫌违反欧盟的《一般数据保护条例》《不公平合同条款指令》和《玩具安全指令》。同月，美国佛罗里达州参议员比尔•尼尔森在向参议院委员会提交的一份报告中指出“能联网的智能玩具可能存在严重的个人信息和数据安全隐患”。

（一）智能玩具可被滥用作非法监听设备和窃取用户信息的新通道

2016 年 11 月，挪威消费者委员会委托咨询公司 Bouvet 对包括“凯拉”在内的三款主流智能玩具的安全性能进行技术分析，发现这

些智能玩具缺少有效的网络安全防护手段，可轻易被黑客非法远程控制作为监听设备，在用户不知情的状况下，记录、窃取儿童及其家人的敏感信息。“斯诺登事件”表明，部分发达国家有意识地利用技术、产业等优势开展信息监控计划，随着智能玩具产业的不断发展，智能玩具很有可能被不法分子或组织盯上，成为肆意监听、窃取公民个人信息的新通道，危害公民个人安全。

（二）智能玩具厂商主动收集海量用户数据，个人信息泄露风险较高

“凯拉”等智能玩具能够收集包括用户身份、账户密码、电话、邮箱、信用卡、联网记录、位置信息等大量用户个人信息，智能玩具厂商引起的数据泄露风险也越发严峻。近年来，香港伟易达集团、美国费雪集团、美国 KGPS 公司等智能玩具厂商均被曝光发生大规模用户信息泄露事件。其中，香港伟易达集团在 2015 年 11 月遭受黑客攻击，导致包括用户身份、账户密码、密保问题及答案等在内的海量用户信息泄露，涉及全球超过 600 万儿童和 400 万家长。

（三）大量涉及儿童的敏感数据跨境流动，缺乏有效监管

目前，世界主流智能玩具厂商及其第三方合作服务商多为美国企业，购买和使用此类智能玩具时不可避免地将带来大量儿童个人信息和敏感数据跨境流动的问题。但是，国际社会对于跨境数据流动的管理尚未形成统一的规则或框架，而且世界各国普遍更为关注政府和公共部门数据的跨境流动管理，多数国家对公民个人信息特别是儿童敏感信息的跨境流动管理缺乏有效监管。

三、对我国网络安全管理的启示和建议

我国智能玩具市场尚处于刚刚兴起阶段，随着国内二胎政策的

放开、儿童教育的需要和消费习惯的升级，我国智能玩具市场发展前景广阔。但目前中高端智能玩具市场仍以美国企业为主，我国同样面临智能玩具发展所带来的上述三类网络安全问题。更重要的是，随着万物互联、万物智能的快速发展，新型智能产品引发的网络安全威胁和风险将更加严峻。建议我国网络安全管理部门应加强新型智能产品的监管力度，督促企业加强设备安全防护，切实增强网络数据安全，有力保障国家网络安全。

（1）加强对新型智能产品的安全审查。当前，中央网信办已发布《网络产品和服务安全审查办法（试行）》，审查重点是关系国家安全和公共利益的信息系统中使用的重要网络产品和服务。智能玩具为代表的新型智能产品存在的网络安全威胁和风险尚未引起网络安全管理部门的足够重视。建议研究将新型智能产品纳入安全审查范围，特别要重视可能用作非法监听的智能产品；逐步建立新型智能产品的网络安全标准和认证体系；鼓励第三方专业机构开展新型智能产品的安全检测和评估工作。

（2）强化儿童的信息安全保护。由于认知、辨别能力有限，儿童在网络活动中往往处于弱势地位，儿童的个人信息也被世界各国认定为敏感数据，纷纷制定相关法律予以保护。建议我国加强个人信息保护立法，推动《未成年人网络保护条例》和《个人信息和重要数据出境安全评估办法》尽快出台，明确公民个人信息特别是儿童信息的收集、存储、使用、销毁和跨境流动等关键环节相关规则，严格保护儿童等弱势群体的个人信息安全。

（3）督促企业加强网络数据安全防护。督促新型智能产品制造企业全面落实《网络安全法》要求，设立首席安全官，明确数据安全保护工作责任部门，制定完善数据安全管理规章制度。健全数据防窃密、防篡改、防泄露和数据备份、数据脱敏、数据审计、数据泄露通知等措施。鼓励企业定期采取自查、委托第三方专业机构等方式进行网络数据安全状况检测和风险评估。

（撰稿人：刘　悦、张春飞、宋　恺）

人工智能对互联网信息内容治理的安全挑战与建议

摘要：互联网信息内容治理直接影响着社会精神文明建设和青少年教育，关系着国家政治安全和社会稳定，是国家长抓不懈的一件大事。近日，“儿童邪典视频”事件影响恶劣，引发社会广泛关注，更引起网信办、扫黄打非办、文化部等多部委高度重视，反映出互联网信息内容治理工作任重道远。当前，人工智能作为产业变革新引擎，其相关技术与产业已成为国家重点发展方向，同时，人工智能正在为互联网信息内容建设和管理注入新活力，但技术创新应用的“双刃剑”效应也给互联网信息内容治理带来新挑战。充分了解人工智能技术的应用发展现状，明晰其带来的安全挑战，对于促进人工智能发展，服务互联网信息内容建设和治理，具有重要而深远的意义。

一、人工智能技术已开始应用于互联网信息内容建设和管理相关环节，促进相关行业发展

人工智能技术已经在线上生产生活中得到广泛应用，尤其是在互联网信息内容的生产、传播和审查环节，极大促进了信息生产自动化、传播精准化和审查智能化，为相关行业发展注入新活力。

（一）人工智能技术提升新闻编辑、图片设计、艺术创作等信息生产的自动化水平

（1）人工智能技术可用来自动编辑新闻。《洛杉矶时报》早在2014年就利用人工智能技术编辑新闻，机器人记者按照人工设置的模板，将事件和数据进行智能填空，生成新闻。目前，人工智能在线索收集、数据分析、新闻编辑等方面的应用已有较大进展，可以自动追踪网络公开渠道热点信息，采用数据挖掘和机器学习进行相关度分析，聚类形成主题，完成新闻事件的分类和排序。美联社、路透社、新华社及各大新闻网站都已应用人工智能进行新闻编辑。

（2）人工智能技术可用来自主设计图片。人工智能基于标记图库，采用图像算法，通过训练学习设计师创意，自主完成图片设计。2017年“双十一”期间，阿里巴巴智能设计平台“鲁班”自主设计超过四亿张海报（每秒可生成8000张海报），给用户展现了“千人千面”的购物界面，极大提升用户体验，促进交易达成。

（3）人工智能技术可创作艺术作品。人工智能提取人类以往艺术作品的风格特征，并对人类情感反应进行学习，可自主创作诗歌、音乐和视觉艺术作品。2017年，微软小冰完成了第一部人工智能独立创作的诗集《阳光失了玻璃窗》，索尼采用人工智能创作流行音乐，谷歌尝试用人工智能进行短视频创作。人工智能创作作品的艺术水平已达到“以假乱真”的高度。

（二）人工智能技术实现信息内容传播的精准化，提高受众接受度，降低内容分发成本

互联网公司通过采集用户网页浏览、电子交易、社交网络和地理位置等数据，获取海量用户个人信息，基于深度的数据挖掘分析进行用户画像，精确描绘出用户特征，并预测用户兴趣发展方向。

在此基础上，按照不同需求维度对用户人群进行分类和排序，精准、及时地推送用户感兴趣的信息。智能推送技术已经运用于淘宝、京东等电商网站，能够为用户关联最感兴趣的各类商品信息，实现精准营销；今日头条依据用户兴趣、情景维度和环境特征等参量，采用人工智能算法变革资讯信息分发方式，为用户打造个性化体验；微信、微博等社交平台根据受众人群特征，智能推送广告内容，提高了广告影响力，降低了企业宣传成本。

（三）人工智能技术应用于信息内容安全的审查，为维护清朗网络空间提供重要技术支撑

随着互联网信息内容（尤其是多媒体内容）增多，传统依赖网民举报和工作人员的肉眼监测很难解决海量内容的审查问题，人工智能技术已应用于互联网违法违规内容审查和处置。国外脸书公司利用机器学习开发用户视频直播内容的实时监控识别工具，可过滤涉黄、涉暴等内容；谷歌采用人工智能和人工审核结合的方式审查YouTube付费内容。国内企业中，百度推出基于人工智能的内容审查产品，可支持图像、文本、音频、视频等多种形式的内容审核；极限元智能科技公司利用人工智能技术，推出了音视频网络直播安全网关解决方案，可辅助监管部门监测互联网直播中的涉黄、涉暴等违法犯罪行为。

二、人工智能技术的应用引发互联网信息内容治理新挑战

（一）信息内容生产环节的挑战

（1）自动生成的新闻质量普遍不高甚至出现虚假新闻，可能造成不良社会影响。机器人记者基于微博、论坛、微信公众号等公开渠道获取大量信息数据，通过聚类分析形成事件报道，在事实根据

和分析深度上存在差距，稿件质量普遍低于平均值。同时，受限于算法的不成熟性，人工智能可能会生成虚假新闻，造成不良社会影响。例如，2017 年 6 月，《洛杉矶时报》发布消息预警加州发生 6.8 级地震，但事实上，这起地震发生于 1925 年，这一虚假新闻是由机器人记者错误编辑产生。

（2）不良信息生成更加便捷化和海量化，降低违法成本。不法分子可利用关键字屏蔽算法，凭借机器辅助，生成海量的涉黄、涉政类违法违规信息，不良信息生成更加便捷，从信息源头上降低了违法成本，大大增加了安全监管工作量。

（3）自动生成信息可能具有主观导向性。人工智能以数据为驱动，以算法为核心，数据和算法在一定程度上带有主观性，数据的采集、标注和算法的设计往往负载着价值，体现设计者与执行者的利益和价值取向。因此，人工智能自动生成的信息可能具有导向性，带来价值观念的歧视和不公。

（4）自动生成信息会引起知识产权、创作理念层面的安全问题。机器学习在模型建立过程中，会采集大量的现有艺术作品作为训练数据，由于算法不透明和不可解释性，机器人创作的艺术作品很有可能会模拟甚至引用现有人类作品内容，从而引发知识产权纠纷。同时，由于人工智能目前还不具备人类感知和艺术想象能力，其创作能力更多的是对人类的模仿，缺乏审美和情绪表达，作品往往形近而神散，大量此类作品的产生与泛滥可能会降低人类整体的艺术修养，破坏人类艺术创作能力。

（二）信息内容传播环节的挑战

（1）信息传播的精准化会引发个人信息过度采集和利用。为了实现精准营销，提供个性化定制服务，互联网公司需要收集海量用户个人信息，进行深度挖掘分析，刻画用户群体特征，识别人群智能推送服务。这往往导致个人信息的过度收集和利用，损害用户隐私权益。例如，通过获取个人准确信息，不法分子可实施精准网络诈骗，大大增加了防护难度。

（2）信息传播精准化会使不良信息传播更快捷。内容分发类网站会收集用户上网记录进行分析，预测用户兴趣点，自动关联相关内容，这就导致涉黄、涉政类不良信息能够分类智能推送给用户，短时间内，用户在主动或者被动的情况下接收大量不良信息。

（3）智能推送会提升网络舆情监控和干预难度。按兴趣推送会使用户短时间内接收大量类似内容信息，带来观点极化，增加了网络舆情监控和干预难度。据国外研究报告显示，2016 年美国总统竞选中，存在着数量巨大的政治机器人，此类智能产品可判断和预测每个选民的关注重点，精准分发具有煽动性的内容，有针对性地制造舆论假象，恶意引导民意。

（三）信息内容审查环节的挑战

（1）基于机器学习的信息审查技术不够成熟，存在漏查漏报问题。目前，国内外主要信息内容网站都以人工智能技术作为辅助，开展海量信息的审查工作，人工智能系统反馈的审查结果再由人工最终判定。基于机器学习的信息内容模式识别算法很多还是结合不良信息样本库的浅层学习，会存在漏查漏报情况。例如，YouTube 的“艾莎门”事件、国内视频网站的“儿童邪典视频”事件都是利用经典卡通人物，以“早教视频”“亲子视频”作伪装，从而通过视频网站的机器审查与审核。该类视频表现出大量裸露、暴力、自杀等儿童不宜的情节，造成恶劣社会影响。

（2）需要协调好信息内容审查与个人隐私保护之间的制衡关

系。目前，信息内容安全审查主要是采集论坛、微博等公开的社交渠道信息内容，进行分析与过滤；对涉及个人隐私的聊天记录、通信记录、云空间等，社交平台为保护用户个人信息，一般不主动进行数据采集、存储和分析。但是，不法分子会利用社交平台提供的个人化网络通道，进行不良信息传播。例如，百度网盘作为个人云空间，一度成为涉黄视频传播通道，对其的监管处置引发了个人隐私权与信息监管范围的广泛争论。在人工智能时代，如何对个人信息进行分类定级、适度开放，以确保互联网信息内容安全监管工作的有力实施，是亟须解决的一个命题。

三、应对建议

人工智能技术本身具有中立性，在应用推进过程中，应完善监管和规范手段，强化正向应用，更好地发挥其积极作用。因此，当前急需借助国家《新一代人工智能发展规划》以及工信部《促进新一代人工智能产业发展三年行动计划（2018—2020 年）》等相关规划落地实施契机，加快完善相关法律法规、监管政策和行业标准，加强人工智能技术研究和应用，提升信息内容治理的安全评估能力和监管技术能力，促进人工智能技术在互联网信息内容建设和治理方面的成熟应用。

（一）建立健全法律法规，改进互联网信息内容安全监管政策

（1）改进现行法律法规，扩展问题责任主体。现行法律法规条文是将自然人和法人作为监管和追责对象，未明确人工智能法律主体资格及责任分配问题。针对人工智能系统自动产生的信息产品和艺术作品，以及由此引发的知识产权纠纷甚至违法违规问题，有必要在法律层面进行明确的主体约束和责任划分。

（2）加强个人信息保护法律法规建设。加快推进《中华人民共和国个人信息保护法》的制定工作，在此基础上，结合具体行业制定个人信息保护法规细则，切实处理好数据开放利用和个人隐私保护之间关系，既保障人工智能对数据资源的合理需求，又防止个人信息的过度利用。

（3）完善政府监管政策，将人工智能纳入管理体系。针对人工智能导入的互联网信息安全风险，提出应对措施，完善监管政策，将人工智能产品和应用纳入政府安全管理体系中，依托管理体系开展信息安全管理，形成闭环。

（二）完善行业标准规范，优化互联网信息内容评估评测体系

（1）尽快出台统一的不良信息标准规范。充分了解互联网信息内容安全主管部门需求，深入调研行业内主要企业代理监管中面临的问题，结合互联网信息业务发展需要，尽快出台互联网不良信息相关标准规范，对不良信息的定义、类别和应急处置等级等进行统一界定，为信息内容智能化审查的数据标记和模型训练提供标准判据，提升人工智能审查的准确性。

（2）制定形成人工智能应用的安全评估标准。在现行《互联网新业务安全评估指南》等标准的基础上，针对人工智能应用于内容治理带来的新问题，研究适应人工智能产品和应用的互联网信息内容安全评估的重点环节、组织流程、评估要求和方法等，形成人工智能应用的信息内容安全评估标准，引导企业落实安全主体责任。

（3）加快构建人工智能信息内容安全验证测试平台。在现有互联网新技术和新业务安全评估能力基础上，联合相关研究机构和科技公司，研究人工智能产品和应用的信息内容安全验证测试方法和工具，形成测试样例库、代码知识库等评估评测资源，建立安全测

试认证平台。在引入人工智能的互联网新业务上线之前，提供信息内容安全的试验验证、风险评估等服务，从源头上把控人工智能信息内容安全。

（三）加强人工智能应用，提升互联网信息内容治理技术能力

（1）加强互联网信息采集能力，保障数据全面性。建设覆盖新闻、论坛、博客、微博、微信公众号、QQ 公开群、网络直播等众多互联网信息源的多通道、异构媒体的数据采集能力，弥补现行数据采集手段渠道受限、侧重文本的不足，加强数据整合与关联，提升信息内容安全监管能力。

（2）加大数据挖掘深度，提升信息内容审查的智能性。现有互联网信息内容的分析和过滤技术仍是以文本分析、语法分析为主，面对海量化、多形式的互联网信息，需基于上下文进行语义分析，加强数据的情感分析、意图分析，深入挖掘数据背后隐藏的深层知识，提升信息内容审查的智能性，有效过滤互联网不良信息。

（3）基于机器学习，提升热点事件发展预测性。基于互联网信息传播、扩展模式及过往舆情事件相关数据，训练热点事件要素识别方法和相似度计算模型，形成敏感信息知识图谱和热点事件分类知识库，提升网络热点事件的预警研判能力，更好地支撑监管决策。

（4）利用人工智能技术，强化网络舆情干预和引导能力。在对互联网信息全面采集、深度分析和预警研判的基础上，利用机器理解、情感分析、群体行为模式挖掘等人工智能技术，通过自带情感的用户评论自动生成等手段，加强网络舆情的干预和引导能力，降低网络舆情事件生成风险。

（撰稿人：牛金行）

从“永恒之蓝”看我国安全信息共享的紧迫性

摘要： 习近平总书记在网络安全和信息化工作座谈会上的讲话中明确指出，“感知网络安全态势是最基本最基础的工作”“要建立统一高效的网络安全风险报告机制、情报共享机制、研判处置机制”。《中华人民共和国网络安全法》《关键信息基础设施安全保护条例》也对信息共享提出要求。2017 年 5 月爆发的“永恒之蓝”事件暴露出我国在应对网络安全威胁事件时，相关部门之间无法及时共享信息、应急处置统筹工作不到位等问题，因此，有必要加快建立健全网络安全信息共享机制，提升应急处置与网络安全保障能力。

一、“永恒之蓝”网络安全事件的基本情况

（一）“永恒之蓝”勒索病毒席卷全球，给网络用户带来重大损失

2017 年 5 月 12 日，全球爆发了“永恒之蓝”网络安全攻击事件，全球近百个国家的政府、高校、医院等机构，超过 30 万用户的计算机受到感染，文件被恶意加密。欧盟刑警组织表示，这次网络攻击“达到史无前例的级别”，受攻击对象甚至包括医院、高校等公益性机构。

俄罗斯内务部约 1000 台电脑感染勒索病毒。英国公共卫生体系国民保健制度的服务系统感染勒索病毒后，多家医院电脑瘫痪，不得不停止接待病人，一些救护车等医疗服务也受影响。西班牙、葡萄牙、阿根廷等多国电信企业以及美国联邦快递公司均受到这款病毒侵袭，造成了巨大损失。

我国网络用户同样受到“永恒之蓝”的攻击。根据 360 公司在 2017 年 5 月 14 日发布的监测报告，截至 2017 年 5 月 13 日 20 点，国内有 29372 家机构组织计算机感染。教育科研机构成为最大的重灾区，共有 4316 个教育机构感染勒索病毒，占比为 14.7%；其次是生活服务类机构，3302 个，占比 11.2%；商业中心 3014 个，占比 10.3%；交通运输 2686 个，占比 9.1%。另外，1053 个政府、事业单位及社会团体，706 个医疗卫生机构，422 个企业，以及 85 个宗教机构的计算机感染了“永恒之蓝”勒索病毒。

（二）“永恒之蓝”事件仅是冰山一角，国家级网络武器危害显现

“永恒之蓝”被认为是美国国家安全局（NSA）研发的一种漏洞攻击工具，WNCRY 勒索病毒正是利用这个漏洞工具开展全球大规模的网络攻击，是“国家网络军火”民用化全球第一例。根据相关机构报道，美国政府 90%的网络项目开支用于研发黑客攻击武器。早在 2016 年 8 月，在互联网上就公开了美国国家安全局（NSA）的黑客武器库，显示“永恒之蓝”只是众多国家级网络武器中的一种。

（三）我国相关部门采取应对措施，努力减少网络攻击带来的损失

总体来看，我国的基础电信企业、网络安全企业及部分大学采取了应对措施，减轻了网络攻击带来的损失。基础电信企业在“永

恒之蓝”事件爆发之前，已经屏蔽掉个人用户的445网络端口，但是教育网、校园网、企业的局域网仍存在大量暴露的目标，校园及大企业成为本次勒索病毒事件的重灾区。360、瑞星、天融信等企业迅速升级网络安全软件，应对“永恒之蓝”的网络攻击。360公司在“永恒之蓝”事件爆发前推出了“NSA武器库免疫工具”，能够检测修复NSA黑客武器攻击的漏洞。清华大学在2017年4月15日就发布通知，为防止校园网主机受到外部攻击，禁止了445端口。

二、“永恒之蓝”对我国网络安全工作的启示

（一）应进一步完善网络安全顶层设计，提升国家网络安全保障能力

“永恒之蓝”事件表明网络攻击已经成为影响我国国家安全的重大威胁，我国必须增强应对网络战的能力。在这次网络攻击事件中，“永恒之蓝”表现出强大的漏洞攻击能力，间接反映出美国在网络安全领域已具备强大的实战实力，具备对他国发动网络攻击的能力。2017年8月18日，美军网络司令部升级为美军第十个联合作战司令部，网络空间正式与海洋、陆地、天空和太空并列成为美军的“第五战场”。如果爆发针对我国的网络战，关键信息基础设施、企事业单位及个人的信息系统必将成为攻击目标，造成难以估量的损失。我国必须加快完善国家网络安全顶层设计，构建国家网络安全防护框架体系，从管理机制、法律法规、标准规范、网络安全技术等方面，全面推进我国网络安全体系建设，提升网络安全防护能力。

（二）网络安全意识仍需要进一步提升，带来网络安全保障工作隐患

树立网络安全无小事的责任意识，切实做好各项日常网络安全

防护工作。在这次“永恒之蓝”事件中，如果采取以下三条措施中的一条，就能有效避免攻击或消除损失：一是及时升级操作系统，微软公司早在2017年3月已经发布包括“永恒之蓝”在内的漏洞MS17-010升级补丁；二是通过手工方式进行安全设置，禁用“文件和打印机共享”端口；三是养成日常备份文件的习惯，一旦电脑上的文件被病毒感染，可以使用其他介质保存的文件。由此可见，预防勒索病毒并不存在技术或管理上的难度，关键是要树立安全意识。

（三）尽快突破网络安全核心技术，从根本上提升网络安全保障能力

加快发展高端网络安全产品与服务，尽快突破一批影响我国国家安全的核心技术，改变网络安全核心技术受制于人的局面。为了提高应对网络安全威胁的能力，从根本上来说还是要具备拥有自主知识产权的网络安全核心技术与产品，最关键最核心的网络安全技术要立足自主创新。我国安全产业在产品和高端服务长期处于跟踪模仿国外阶段，核心元器件、核心设备和核心系统依赖国外，安全防御技术落后，对高级别复杂性威胁应对能力不足，缺乏非对称技术、“杀手锏”技术。这次“永恒之蓝”事件再次说明核心技术的极端重要性，必须组织协调产学研相关单位开展网络安全核心技术研究，加大投入力度。

（四）政府与社会组织应及时共享安全信息，加快安全事件处理速度

加快建立网络安全信息共享机制，整合相关资源渠道。“永恒之蓝”事件反映出我国在网络安全事件协同处理能力方面存在各自为战的现象，在面临大规模网络攻击时，单纯依靠政府部门或网络

安全企业等少数几个单位的力量，无法应对网络攻击带来的威胁，应在政府统一组织协调下，政府、网络安全企业、互联网企业以及可能受到网络攻击的各类组织机构联合起来，发挥整体优势，建立健全网络安全信息共享机制、法律法规与技术平台，提高网络安全信息共享能力。

三、加快推进网络安全信息共享工作的必要性

（一）推进网络安全信息共享，是落实国家总体安全观与安全法需要

《网络安全法》中明确提出了关键信息基础设施保护领域的网络安全信息共享及其参与主体，要求促进政府部门、关键信息基础设施运营者、网络安全企业、研究机构等之间的网络安全信息共享。《网络空间安全战略》《关键信息基础设施安全保护条例（征求意见稿）》《关于加强国家网络安全标准化工作的若干意见》等国家文件，都对安全信息共享相关工作做出了原则性规定。推进网络安全信息共享成为深化网络安全防护体系和国家网络安全态势感知能力建设的关键。

（二）推进网络安全信息共享，是我国实施网络强国战略的迫切需要

当前，国家间的网络安全“军备竞赛”持续升级，多个国家打造军用级网络战武器库，我国网络空间面临的安全挑战日益严峻。习近平总书记在网络安全和信息化工作座谈会上明确指出，“要建立统一高效的网络安全风险报告机制、情报共享机制、研判处置机制，准确把握网络安全风险发生的规律、动向、趋势”。加快建立政府、行业、企业之间的安全信息共享机制可以有效应对我国网络空间面

临的重大安全挑战，能够快速提升国家网络安全综合实力，为建设网络强国提供有力的支撑。

（三）推进网络安全信息共享，是抢占网络空间安全高地的必要举措

发达国家早已认识到信息共享在应对网络安全威胁，保障网络空间安全中的重要作用，美国更是将安全信息共享工作上升到国家战略高度，出台国家层面的《网络安全信息共享法案》，建立了一套内容完备、体系清晰的具有长期性和连续性的网络安全信息共享机制。我国在信息安全共享、态势感知等方面进展缓慢，尚未形成协同联动的安全防御体系，应尽快推进安全信息共享工作，明确动态的、主动的、对抗性的战略思维，提高国家整体的网络安全防御能力和威慑能力，以期未来在网络空间安全控制权争夺中获得主动权。

四、我国推进网络安全信息共享工作的建议

（一）建立健全网络安全信息共享的管理机制，为处置网络安全事件提供信息服务

在网络攻击、网络犯罪和网络恐怖主义等行为日益猖獗的形势下，我国亟须建立一套行之有效的网络安全信息共享管理机制。

（1）在全国范围内建立分层分级的网络安全信息共享的管理组织。按照《网络安全法》的要求，网信部门是网络安全信息共享的主管机构，负责协调整体网络安全信息共享事项，加强对政府和企业之间网络安全信息收集、分析和通报工作的指导、统筹和协调，按照规定统一发布网络安全威胁信息。

（2）制定完善网络安全信息共享管理工作制度，针对各级工作

组织的信息共享需求，明确工作开展方式、工作要求、工作任务等要求。

（3）制定信息共享工作流程，兼顾垂直线条业务管理需求与横向之间的组织协调需求，确保及时共享网络安全态势信息及网络威胁信息。

（二）制定网络安全信息共享领域的制度体系，推进网络安全信息共享的立法工作

加快制定网络安全信息共享所需的通报制度与标准规范。一是按照《网络安全法》的要求，建立网络安全监测预警和信息通报制度，实现网络安全信息共享工作的常态化。二是加快制定网络安全信息类型、信息采集、信息发布等方面的标准，实现网络安全信息共享的规范化。

参照美国、欧盟的网络安全信息共享立法经验，结合我国网络安全工作特点，推进立法工作。一是要明确界定网络安全信息共享的定位和范围，确定网络安全共享信息的类型、主体和用途。二是确立我国网络安全信息共享的行政体制。针对我国当前网络安全管理特点，可立法规定网信部门负责统一领导协调我国网络安全信息共享工作，同时规定国家安全机关、公安机关、工信部门作为重要的协同领导部门。三是规定强制义务与责任豁免相结合，以促进网络安全信息共享，解决民营主体不愿意与政府部门共享网络安全信息的问题。四是规定利益平衡机制，避免政府过度使用共享信息，妥善处理与平衡维护网络安全与保护个人信息安全的关系。

（三）建立全国统一的网络安全信息共享平台，从技术手段保障各方协同开展工作

为实现全国范围内的网络安全信息共享，按照“统筹规划，分

步实施，急用先行，安全可靠”的思路，建设国家网络安全信息共享的系统平台。

（1）确定平台的建设模式。从网络安全信息共享工作要求来看，建议采取全国集中的模式，同时部署异地灾备中心。

（2）确定平台的主要功能。通过调研了解各级政府部门、网络安全企业的需求，明确功能模块与优先级，指导平台后续建设与部署工作。

（3）确定技术架构。参照国家信息安全漏洞共享平台等平台建设方式，围绕基础设施、数据架构、信息展示、平台接口等内容制定技术方案。

（4）确定平台的运行维护模式。编制平台运维方案、运维工作制度，确立运维组织架构与职责职能。

（撰稿人：赵　勇、吴　博）

把握国际形势变化，推进网络反恐工作迈向更高层次

摘要：习近平总书记在十九大报告中指出，“世界面临的不稳定性不确定性突出”“地区热点问题此起彼伏，恐怖主义、网络安全、重大传染性疾病、气候变化等非传统安全威胁持续蔓延”。这是习近平总书记对全球安全态势做出的重要判断。网络恐怖主义活动作为现实恐怖主义活动在网络空间的延伸和发展，正呈现出全新的特征和趋势，严重威胁国家安全和社会稳定。认真贯彻党的十九大报告有关要求，亟须深入理解和把握国际网络反恐形势变化，持续加强和改进我国网络反恐工作，有力维护国家安全。

一、网络恐怖主义的形式和特征

从最大限度打击恐怖主义的角度出发，网络恐怖主义的内涵是广义的。联合国反恐任务实施力量工作组（CTITF）将网络恐怖主义界定为以下四类行为：

（1）利用互联网通过远程改变计算机系统上的信息或者干扰计算机系统之间的数据通信以实施恐怖袭击。

（2）为了恐怖活动的目的将互联网作为其信息资源进行使用。

（3）将使用互联网作为散布与恐怖活动目的发展相关信息的

手段。

（4）为了用于追求或支持恐怖活动目的的联络和组织网络而使用互联网。

其中，第一类行为，让网络成为恐怖袭击的对象；后三类行为，让网络成为恐怖袭击的重要手段。与传统恐怖手段相比，网络恐怖主义体现出全球性和现代化两大特征。

（一）网络恐怖主义的全球性体现在影响全球化、危害全域化和防治全民化

互联网的全球性、开放性、共享性、便捷性等固有特性也决定了网络的安全威胁是难以避免的，并且随着现实世界对信息网络的依赖性越大，恐怖分子利用其从事恐怖活动可能达成的破坏性就越大，并且这种破坏影响能够跨过国界，向政治、经济、文化、军事各领域辐射。另一方面，网络恐怖主义的活动范围基本上都是跨国实施，其活动可远程操作和分离控制，使得恐怖行为更加隐蔽，且袭击的目标种类和数目非常庞大，针对这种无所不在、无时不在的网络恐怖威胁，仅靠某个政府和安全组织来处置应对，往往难以顾全。

（二）网络恐怖主义的现代化表现为成员专业化、结构完整化和行为智能化

现代恐怖组织开始注重吸纳精通现代科技、接受过高等教育及具有较强的组织策划执行能力的人员，组织成员程序年轻化趋势明显，部分人员具备计算机专业知识，专业化对实施犯罪起着根本性的推动作用。组织成员利用网络进行通联已经构成了一个特殊整体，使独立的个体和分散的个人相互串联到一起，为集团化、组织化网络恐怖犯罪奠定基础。此外，恐怖组织的组织行为日益先进，这是

伴随着组织人员构成的专业化而来的必然结果，当前恐怖组织越来越偏重新技术新业务、新智能产品及先进军事科技的运用。

二、当前全球网络恐怖主义活动酝酿重大变化

（一）国际反恐格局变化推动网络恐怖威胁蔓延

当前，美俄出于战略博弈，在中东地区不断加大对恐怖主义的打击力度，“伊斯兰国”政权和根据地受到重创，势力进一步被打散，组织架构从准国家形态向扁平化、分散化的恐怖组织回归，活动方式也从攻城略地、区域割据向分散渗透、制造暴恐事件转变。网络空间的开放性和匿名性特点使其日益成为恐怖分子实现化整为零、隐蔽勾连的重要依托。“伊斯兰国”“基地”等恐怖组织广泛使用Twitter（推特）、Facebook（脸书）、Youtube（优兔）等社交媒体平台在全球范围宣扬恐怖主义思想，并利用加密社交软件、虚拟专用网、阅后即焚应用软件等网络通信工具实现跨地区跨国界恐怖袭击事件的行动组织和信息沟通。

（二）各国社会内在矛盾与网络恐怖主义交织共振

受经济发展分化、社会阶层固化、多元价值观冲突等影响，美欧等西方国家族群对立、宗教矛盾日益突出，形成了滋生本土恐怖主义的现实土壤。国际恐怖组织借助网络非公开社群、论坛等方式不断散播网络谣言，利用局部地区的民族与信仰冲突，制造民众对立情绪，积极宣传异族异教邪恶等极端主义思想，煽动诱导信众以“圣战”“殉教”的名义，向普通民众发起“独狼”式暴力恐怖袭击。美国曼哈顿恐怖袭击事件的实施者正是受到“伊斯兰国”恐怖组织的网络暴力恐怖音视频的影响，执法部门已在其手机里发现关于“伊斯兰国”组织宣传的近 90 个视频和 4000 余张照片。

（三）网络恐怖主义借力网络犯罪壮大自身力量

随着恐怖主义活动日益向网络空间转移，在经济利益驱使下，逐渐形成满足恐怖主义活动需求的网络服务群体，包括为恐怖分子提供可发动网络攻击的僵尸网络、网络黑客技术培训课程、比特币融资交易、开发加密通信软件等一系列相对独立、时分时合的犯罪团伙，其分工越发细化、专业程度不断提高，与各类恐怖组织呈现出一个盘根错节的利益化链条或者网络。“伊斯兰国”“基地”等恐怖组织下辖的“联合网络哈里发”“突尼斯网络军”等网络恐怖活动分支机构从这些网络服务群体中招募人员和获取资源；恐怖组织“伊斯兰祈祷团”接受的资金援助均由“暗网”比特币交易平台来完成。

三、全球网络反恐工作呈现新趋势新特点

（一）政府职权和企业责任呈现双双强化的新特点

随着全球网络反恐压力不断增加，美欧各国纷纷开始审视现有网络反恐制度和措施，通过扩大政府管理职权和强化网络平台企业责任的方式，积极寻求在与网络恐怖分子的较量中占得先机、赢得主动。

在政府管理职权方面，网络监控、加密管理成为政府管理职权扩张的重点。2016 年 6 月，英国颁布《调查权力法案》，首次明确政府可以要求互联网公司协助入侵和窃听电脑和电话。2017 年，美国更新的《外国情报监控法》授权政府对美国境内的外籍人士实施监控以打击恐怖主义。

在企业安全责任方面，遏制网络恐怖主义信息内容传播成为企业责任强化的主要内容。欧盟继 2016 年发布互联网企业行为规则

后，拟再次发布新的指导法案，强化非法内容主动检测、引入第三方监控、加强执法配合等企业责任。2017 年 7 月，德国通过的社交媒体平台执法法案明确要求企业在 24 小时内移除仇恨言论等违法内容，对违反规定企业设立高达 5000 万欧元罚款。美国政府则要求运营商向更精细的地理区域提供紧急警报发布，警报信息科嵌入电话号码和网址，提升 WEA（无线紧急警报系统）应急技术等。

（二）网络治理新技术新模式为网络反恐提供新思路

在全球重大恐怖袭击高发频发、网络反恐压力不断增长的态势下，互联网企业纷纷采取新措施阻断恐怖主义信息的传播蔓延。

在技术手段方面，谷歌、脸书、推特等大型互联网企业均将人工智能这一新兴技术应用于网络恐怖主义文章和帐号的识别、标记和移除，改变了传统依赖用户举报和人工监测的方式。据谷歌公司称，人工智能在识别标记网络恐怖主义内容的速度上超过人类 75%，审阅内容数量是人类的两倍。美国马里兰大学构建的全球恐怖主义数据库，汇集了从 1970 年至今全球所有的恐怖活动数据，超过 15 万个案件，归纳出 140 个以上的恐怖袭击事件属性。相关研究人员抽取其中典型的事件属性形成相应恐怖袭击预测算法、构建恐怖袭击预警模型，使得恐怖活动的防控能力得到显著提升。

在协同治理方面，谷歌、脸书还通过开放数据接口的方式引入第三方机构进行网络恐怖主义内容监测识别。谷歌推出信誉旗帜计划，并与 15 家以上非政府组织和研究机构合作开展其网站平台的内容审查；脸书则在英国、德国和法国推出“线上公民勇气倡议”。此外，谷歌、脸书、微软和推特还成立全球反恐互联网论坛共享恐怖主义图像和视频样本数据，并与政府、民间组织和学术界合作制定处理恐怖主义信息内容的最佳方法。

（三）网络反恐国际合作呈现“多边慢、区域快”新动向

网络恐怖主义突破国家和地域边界，激活了散落世界各地“休眠”的恐怖组织，加速了各国恐怖势力的聚合勾连，形势不断倒逼国际社会加强合作，共同应对网络恐怖主义活动。在我国倡议下，2014年第68届联合国大会第4次会议评审通过的《联合国全球反恐战略》首次写入打击网络恐怖主义的内容，网络反恐逐渐成为各国思想共识。然而，国际社会对恐怖组织界定、网络取证存在较大分歧，加之美俄等大国均将网络反恐视为实现本国战略利益的手段，使得联合国至今未能形成全球性的网络反恐公约。与之相反，出于维护国家及区域安全稳定的现实需求，双边和区域性合作却呈现出快速发展态势。近年来，我国通过网络安全双边合作使英、德等西方国家将“东伊运”列入恐怖组织名单；2017年英法两国发布了共同对抗网络恐怖主义的联合声明。

四、深化我国网络反恐工作，维护我国安全发展环境

随着我国改革进入深水区，社会阶层结构分化，社会矛盾复杂程度加深，网络恐怖主义等公共安全威胁日益增多。党的十九大报告指出，要“严密防范和坚决打击各种渗透颠覆破坏活动、暴力恐怖活动、民族分裂活动、宗教极端活动”。落实这一要求，不仅要因势而谋、应势而动、顺势而为，更要积极借鉴国际有益经验做法，不断加强和改进网络反恐工作，有效维护国家安全发展环境。

（一）加大对网络恐怖活动的打击力度

组织开展网络反恐专项行动，着重打击为网络恐怖主义提供便利的网络服务群体，切断暴力恐怖活动的技术、资金等资源获取渠道；进一步研究出台网络恐怖活组织及人员认定、办理涉网络恐怖

主义案件指引，依法严厉惩处利用网络传播暴力恐怖视频、宣扬极端主义思想的行为；对族群和宗教矛盾突出的地区实施网络监测，积极防范重点潜在恐怖活动人员。动员社会力量与专业的、职能部门的反恐力量相结合，以警察人员为点，以广大群众为面，以互联网等通信手段为纽带平台，以奖励机制为催化剂，构建综合防控体系，进行全民反恐。

（二）加强网络反恐技术管理能力建设

网络反恐需要以更大的技术优势反制技术攻击和破坏，因此我国应高度重视网络反恐技术的自主创新，打造自身独特的网络技术。研发我国网络安全的核心技术，努力突破暗网、区块链、加密通信等技术，提升对网络恐怖分子和网络恐怖活动的追踪、对抗精准度和战斗力。大力提升境内境外网络恐怖主义信息管控能力，精准化阻断网络恐怖主义信息在境内的传播和扩散；加强对境内互联网新技术新应用的安全评估，强化对即时通信、虚拟专用网、加密通信等重点应用软件的安全巡查和问题清理，积极防范涉恐、涉暴违法信息传播风险；积极研究人工智能、大数据分析等新兴技术在网络恐怖主义内容监测识别的应用，主动从海量的信息内容中发现涉恐、涉暴线索，提高网络恐怖主义的监测预警和应急处置能力，做到预警在先、预防在前。

（三）细化政府部门职权和企业责任

明确防治网络恐怖主义的主管部门和分管部门的具体职权范围和责任边界，重点对防治网络恐怖主义的具体途径、实施程序、网络恐怖信息监控、审查和调查取证、惩罚措施、国际合作等层面进行详细规定。加快关键信息基础设施、个人信息保护等重点保护领域的立法及配套细则，明确其具体范围和安全保护机制。同时，在《反恐怖主义法》和《网络安全法》的基础上，进一步细化电信运营商、互联网等相关企业的网络反恐责任，具体包括：落实信息内容巡查义务，要求建立自动检测技术手段，允许引入第三方机构参与内容审查；强化执法配合义务，规定网络恐怖主义信息内容消除时限和加密协助要求；建立应急处置机制，明确应急联络人员。

（四）加强网络反恐合作与信息共享

互联网的开放性和无国界性使网络恐怖主义成为全球性问题，网络恐怖主义的治理有赖于国际各方合作。我国应积极联合广大发展中国家，积极推动联合国框架下网络反恐法律文书制定工作；加大同美俄英法等国家高层沟通交流，加强网络恐怖主义情报线索信息分享，及时回应对网络恐怖主义信息内容消除、取证等司法协助请求；继续借助上合组织、中国与东盟的安全对话机制、“一带一路”建设等既有的、行之有效的区域性合作平台，发挥区域机构的协调作用，推动区域组织的网络反恐合作，通过联合军事演习、提供安全援助等方式，与周边国家携手应对网络恐怖主义安全风险和挑战。

（撰稿人：彭志艺、谢俐倞）

美欧网络安全系列演习对我国网络安全保障体系建设的启示

摘要：随着网络空间成为国家继陆、海、空、天之后的“第五疆域”，日益受到各国政府、军方重视，美国和欧洲不仅积极制定网络空间安全战略、组建网络部队和情报机构，还高频次开展网络空间安全系列演习，开发网络武器，以应对新形势下的安全挑战。相较之下，我国网络战整体实力薄弱，国家关键信息基础设施面临较大风险，难以有效应对国家级、有组织的高强度网络攻击，亟须加强网络安全演习演练，通过实战持续完善我国网络安全保障体系。

一、发达国家高频开展实战化网络安全演习

随着网络空间摩擦的不断增多，大规模网络冲突爆发的风险进一步加剧。以美国为代表的发达国家高度重视网络空间的控制权和主导权，为确立网络空间优势地位，加紧抢占网络空间制高点，不断开展实战化网络安全演习并呈现出全民参与态势。

（一）美国开展“网络风暴”等系列演习

美国、欧洲等国家和地区持续举行网络空间各类安全演习，谋求安全领域的战略合作，以应对复杂多变的网络安全形势。美国于2006年开始，举行了“网络风暴”系列演习，大量民事机构、ICT

企业、学术界代表和军队共同参与，通过开展实战化网络安全演习共同发现网络威胁和安全漏洞，提高国家、地区间的应急响应能力。该演习不仅促进了美国各级政府部门、政府与私营企业之间的合作与信息共享，推动国家军民融合走向深化，同时也加强了国际联合作战能力。美国与军事同盟和战略伙伴积极在网络空间各环节对接，形成了美国网络空间的绝对优势。“网络风暴”系列演习情况见下表。

“网络风暴”系列演习情况

时间	名称	参与机构	演习目的
2006年	网络风暴Ⅰ	• 五眼联盟成员（美、英、澳、加、新）、11个联邦部门、4个州政府、9个IT公司、6个电力公司、2个民航公司以及4个行业信息共享和分析中心，超过300余人	• 提升国家应急团队协作能力，以及政府内部之间的协调响应能力 • 提升政府与企业之间的协同能力 • 识别、定义可能影响应急、恢复能力的策略 • 识别、定义关键网络安全信息共享的路径和框架 • 提升对网络安全事件可能造成电力系统破坏的安全意识
2008年	网络风暴Ⅱ	• 五眼联盟成员、14个联邦部门、7个州政府、2个国家实验室、6个电力公司、2个民航公司、3个铁路公司以及9个行业信息共享和分析中心	相较网络风暴1演习： • 更加注重国际政府部门之间的应急响应协调能力演练 • 更加注重态势感知、响应、恢复等关键信息的分享机制的建立 • 更加注重尝试敏感、涉密信息分享的安全机制设立
2010年	网络风暴Ⅲ	• 美国国土安全部、商务部、国防部、能源部等12个联邦部门，13个州政府，及60家涉及各行业的私营企业 • 参演国数量是2008年演习的3倍，澳大利亚、加拿大、	国家网络安全通信整合中心（NCCIC，美国土安全部下属机构）成立后的第一次演练，是对其协调组织能力（US-CERT、ICS-CERT均为其子部门）以及相关安全战略可行性的检验，

续表

时间	名称	参与机构	演习目的
2010年	网络风暴Ⅲ	法国、德国、匈牙利、意大利、日本、荷兰、新西兰、瑞典、瑞士、英国作为国际伙伴参加演习，超过2000人	主要目标包括： • 演练“国家网络事件应急响应计划”（NCIRP） • 演练针对网络事件，美国土安全部（DHS）的主要职责、措施落实 • 演练跨机构间的信息共享事务，以及行政、技术协调事务
2012年	网络风暴Ⅳ	• 美国联邦政府、各州及私营企业 • 参与国包括澳大利亚、加拿大、法国、德国、匈牙利、日本、荷兰、挪威、瑞典、瑞士	• 提升联邦、州、国际机构以及私营企业之间，应对网络空间重大攻击事件的应急响应能力
2016年	网络风暴Ⅴ	• 美国联邦政府及其他国家战略合作伙伴、相关执法/情报/国防部门、州政府、国际组织、ICT企业、医疗与公共卫生机构、公共事业部门 • 世界各地60多个机构，超过1000人	• 加强协调机制，加大信息共享力度，建立共享式态势感知能力并为网络事件响应行业提供决策规程 • 评估相关政策、法规以及规范，从而管理网络事件响应验证与资源分配等工作 • 为演习参与各方提供论坛，旨在实践、评估以及完善相关流程、规程、交互以及组织内部与各组织之间的信息共享机制 • 评估国土安全部及其他政府实体在网络事件当中的职责与能力
2018年	网络风暴Ⅵ	网络风暴Ⅵ主要目标： • 继续完善安全部门协调机制，评估国家网络事件应急预案（NCIRP）的有效性 • 评估安全信息共享水平，包括信息的实时性和可用性，及时发现存在的问题 • 检验国土安全部的职责和协调能力 • 提供专门的技术实践论坛，供参与者学习和交流	

总体来看，自开展“网络风暴Ⅰ”演习以来，美国相继组织了

多次大规模网络安全演习，在维持“提升应对网络空间重大攻击事件的应急响应能力”的总体目标基础上，还涵盖了一系列由当时国际关系、自身认识、外部需求等造成的演习特点。从“网络风暴Ⅰ”到“网络风暴Ⅵ”不断完善演习内容和演习方式，基本形成了多部门、多领域、多盟国参与的军政民一体融合模式。从效果上看，美欧充分借助民间优势，强化军政民多向合作，持续增强了网络攻防和支援能力，国家关键基础设施和重要信息系统得到了有效保护，这些既是美欧国情、军情所需，也是网络空间军民融合的最佳实践。

与此同时，在开展“网络风暴”系列演习时期，美国先后通过了《爱国者法案》《外国情报共享法案》《关键基础设施和重要资产物理保护国家战略》以及《网络安全信息共享法案（CISA）》等多部立法，为各类网络安全活动、研究、演习提供了基本的法律依据，并进一步建立健全了美国与同盟国、战略伙伴之间的情报共享模式。国际参演单位方面，从“网络风暴Ⅰ”演习最初的五眼联盟（美国、英国、澳大利亚、加拿大、新西兰），到2016年3月，“网络风暴Ⅴ”演习已有60多个国际机构组织参与，“网络北约”的联盟形式开始浮出水面，并逐步向“网络北约”之外的国家拓展。美国国防部官员曾在比利时出访时呼吁联盟成员国网络防御应加强协同联动能力，北大西洋公约组织必须建立“网络盾牌”以保护北约国家军事和基础设施免遭网络攻击，并强调“北约拥有核盾牌，还需要建立更加强大的网络盾牌”。美国一直在推进网络空间领域的情报共享工作，利用其在技术领域的绝对优势，先后推出了网络威胁情报共享协议STIX、Cybox、TAXII等标准，并准备推广到国际标准化组织OASIS，从而实现“网络北约”的情报共享。

不同于传统的网络攻防比赛，如 Defcon 黑客大会、CTF 大赛等比较注重个人技术和能力。国家级或地区级的网络安全演习则更加偏重于组织协同、情报共享、公共事务处理等工作，比较符合军事演习的正规风格。从美国网络安全演习的规模、参与方和演习方案来看，美国已经把网络空间安全纳入到其国防体系中进行统筹规划。另外，2016 年 6 月，美国网络司令部举行了另一场大规模网络攻击演习，即“网络卫士 16”。该演习涉及美国军事单位、五角大楼、美国联邦调查局、国土安全部以及众多非政府部门，模拟了美国的关键基础设施遭到网络攻击的极端情况，最终通过实战演习寻求合理的应对方案，有效验证了跨政府、军队、企业之间的安全合作和网络攻击配合水平。

（二）欧洲开展“网络欧洲”等系列演习

2010 年 11 月，首个泛欧洲重要信息基础设施（CIIP）防护演习，即“网络欧洲 2010”，由欧盟和欧洲自由贸易联盟的 30 个国家共同举行。该演习模拟了黑客意图瘫痪欧洲互联网和关键在线服务的场景，来自参演国的 130 名专家密切合作，对假想敌的恶意行为进行了模拟反击。演习以沟通协作为主题，通过有效组织和通力合作，成功地建立了成员国之间的协同机制和深度信任，为该演习的常态化、制度化和国际化做好了全方位的准备。2010 年底，欧洲网络与信息安全局发布了《“网络欧洲 2010”演习评估报告》。报告明确了“网络欧洲”演习在加强欧洲网络防御中里程碑式的地位，并提出了若干完善建议。其中首项建议就是发挥私营企业在未来演习中的地位作用，加强军民融合力度。在 2014 年 4 月，超过 29 个国家和 200 个组织参加了“网络欧洲 2014”演习，并广泛吸收高端网络安全人才参与其中，汇集了众多网络安全机构、欧盟各组织以及私营企业。

（三）美欧加强网络安全联合演习

早在2010年，来自欧盟27个成员国的百余名政府信息技术安全专家和来自美国国土安全部的专家会聚布鲁塞尔，模拟防御网络间谍和攻击电网设施。演习的首要目的是发现电力行业关键基础设施的风险隐患，研究各国安全专业人士在遭到网络袭击时如何迅速沟通。在该演习结束后，2014年北约又开展了规模较大的一次多国联合赛博防御演习，即“2014赛博联盟”。为期3天的演习测试联盟应对各种不断升级的网络威胁，加强各国维护网络安全的能力。该演习涉及来自各成员国的技术人员、政府人员和安全专家，学术界和工业界的代表也受邀作为观察员，通过不同的角度发现网络安全问题。

（四）民间组织自主参与军事活动

网络安全论坛倡议组织（CSFI）是非营利全球性组织，最初由数十位专家共同合作成立，目前已拥有近7000位来自于政府、军队、私营企业和学院的网络安全专家和网络战专家。CSFI致力于帮助北约成员国政府、军队、商业集团及国际合作伙伴，通过合作、教育和培训等方面，提供网络战相关的指导和安全解决方案。2011年4月，在北约对利比亚发动“奥德赛黎明”之后不到一个月，CSFI向北约提交了来自美国、澳大利亚、英国等7个北约成员国21名专家的研究成果，即“网络黎明——利比亚”，该文件研究了利比亚网络战攻防能力，分析其炼油厂等基础设施受到网络攻击后对北约成员国造成的影响。随着军民融合的不断深化，越来越多的民间组织、黑客团队开始自发协助国家政府、军队行动，开展国际网络情报分析甚至发动网络攻击。

二、利用联合演习契机逐步构建多维一体的防御体系

国际联合、军民融合是美欧网络空间力量建设的基本思路，已经融入其网络防御体系的各个环节。通过开展网络安全系列演习，有效提升了美欧在安全信息共享、协同联动、网络武器研发、安全人才培养等领域的合作水平。

（一）通过网络安全演习促进军民深度融合发展

美欧“大西洋网络演习”相关报告指出，美欧国家80%以上的关键基础设施和信息系统掌握在私营企业手中。在军事领域，以计算机为核心的信息网络已经成为现代军队的神经中枢，传感器网、指挥控制网、武器平台网等网络，已经成为信息化战争的中心和重要依托。随着网络技术的发展呈现出全社会参与、全社会支撑的良好态势，军政、军民信息网络技术重叠度越来越高，技术驱动已成趋势。微软、谷歌、迈克菲等大型互联网技术公司根据承包合同要求，在公开新发现的系统漏洞之前要事先通知美国国家安全局，从而使其可以利用这种优先知情权实施网络入侵。美国军方还通过加强与科研机构的合作来促进自身网络行动能力的提高。

（二）通过网络安全演习完善网络信息共享机制

演习评估报告显示，美欧网络安全系列演习有效地促进完善各国已制定的网络安全应急预案，在预案成熟度和实施细节上得到了较大改进。同时，面对真实、高强度的网络攻击，各参与机构也改善了合作方式，明确了协同联动的重要性，也明晰了自身安全职责和需求。建设网络安全保障体系的关键是安全信息的深

度共享和分析利用。网络安全态势常常瞬息万变，信息监测、威胁预警都需要实时有效的共享和交换机制，通过国家级、区域级的网络安全演习可以有效验证现有的信息共享机制，提升机构之间甚至国家间的协调能力，从而形成多维一体的攻防能力。美欧军方十分重视互联网企业拥有巨大的技术优势，这种优势与军事情报机构的需求相互结合，成为美欧建立和维持网络强国的主要依托。

（三）通过网络安全演习检验国家网络武器能力

美欧各国纷纷加速提升网络攻防能力，尤其重视发展网络安全装备、网络侦察设备、无线通信干扰设备、新型网络木马，以及针对关键基础设施的蠕虫病毒等国家级网络武器研发。2013 年 3 月，美空军参谋长正式命名六种网络空间武器系统，包括空军网空防御武器系统、网络防御分析武器系统、网络安全漏洞评估/寻猎武器系统等，并指挥了太空司令部装备列装和人员培训工作。在网络攻防技术手段和网络空间武器系统深入发展的情况下，通过网络安全对抗特别是国家级的大规模网络安全演习，可以加快检验国家网络攻防能力，改进网络武器功能。为此，多国开始构建网络靶场等网络空间演习的基础条件，通过开展网络安全演习确认网络攻击技术手段的有效性，对各类网络进行常态化攻击测试，从攻防两端塑造网络保障体系。

（四）通过网络安全演习共育网络安全顶尖人才

美欧在制定网络演习方案的同时，也制定并实施了全面的网络安全人才尤其是顶尖人才的发现和培养体系。以美国为例，从 2004 年开始，美国国土安全部就与美国国安局（NSA）合作实施了“国家学术精英中心计划”。2011 年，美国国土安全部和人力资源办公室共同提出《网络安全人才队伍框架（草案）》，明确了网络安全专业领域的定义、任务及人员应具备的“知识、技能、能力”，对专业化人才队伍建设起到了重要的指导作用。2012 年时任美国国家安全局局长和美军网络司令部司令基斯·亚历山大参加了世界黑客大会 DEFCON 并做了主题演讲，号召民间黑客和安全公司与政府合作，之后美国政府、军队开始借助 RSA、BlackHat 和 DEFCON 等国际性安全会议和安全演习大肆招募安全人才。另外，美国军事安全机构与网络安全公司等私营企业存在着公开、频繁和畅通的人员流动，这种“旋转门”机制把政府部门的网络安全需求与私营企业的优势资源优势巧妙结合起来，成为美军网络人才重要来源。

（五）通过网络安全演习加强盟国间的合作关系

2013 年，美国就领导北约发布《塔林手册：适用于网络战的国际法》，界定了网络空间国家主权和侵权行为准则，确立了有利于美国等发达国家的网络运行规则，为发动网络攻击提供了合法依据。2014 年，美国加强与欧盟在网络安全领域的双多边协调与合作，同时强化与日本、澳大利亚、韩国等盟国的网络合作。美日外长和防长“2+2”会晤，确定合作应对网络攻击，新修订的《美日防卫合作指针》也加入网络合作的内容。2016 年，美国和欧盟正式签署了数据保护总协定，并获得欧盟议会一致通过。发达国家开展联合网络安全演习，不仅在组织协调、人才培养、应急处置方面获得了较大的提升，也拉近了合作伙伴之间的信任和默契，特别是在核心技术研发方面正逐步形成新的技术优势。美欧除了独立发展自己的网络攻防力量，已建立起网络集体防御模式，阻止发展中国家通过网络技术发展挑战其霸权地位。

三、对我国网络安全保障体系建设的启示

我国长期以来被美欧等国视作“潜在威胁”，针对中国的大规模网络演习频发。未来网络战将不仅影响军事设施，还包括政府、金融、通信、电力、交通等涉及政治安全、经济安全、国民安全的重点行业。比起美欧“网络风暴”“网络欧洲”这样国际性的顶级网络行动，无论从规模、成熟度还是水平上，我国都还相差甚远。网络战山雨欲来，国家安全困境亟须破局。

（一）开展网络安全演习是落实网络空间安全战略的重要抓手

“没有网络安全就没有国家安全”，维护网络安全已经成为我国“十三五”期间的一项极为重要的战略任务。2016 年 12 月，国家互联网信息办公室发布了《国家网络空间安全战略》，为我国开展网络安全工作指明了总体方向。推进国家网络空间安全战略重在落实，必须建立强有力的抓手，以推动各行业、领域把网络安全工作做到实处，网络安全演习成为落实网络安全战略的重要手段。实际工作中，管理人员和技术人员难以及时、准确、完整发现关键信息基础设施和重要信息系统中存在的漏洞与安全风险，难以全面评估自身抗风险能力，十分有必要通过定期的网络安全演习验证政府部门、企事业单位的应对能力，评估在遭到网络攻击后是否能及时发现、处置网络风险和安全隐患，这对于完善网络安全保障机制与提高技术防护能力都具有重要意义。

（二）开展网络安全演习有助于提升政企军民等的安全意识

网络空间没有绝对的安全，网络的短板效应容易造成一点突破、全网皆失，甚至产生无法预计的“蝴蝶效应”。2017 年 5 月爆发的“永恒之蓝”事件，充分显示了网络安全意识的重要性，也体

现了我国网络用户的安全意识之薄弱。通过开展网络安全演习，将有助于各行业领域的管理人员和技术人员发现网络安全威胁，了解网络武器带来的巨大危害，逐步建立起网络安全无小事的责任意识。网络安全意识的提升，将助推政府、企业重视安全投入。我国在安全领域的投入仅占整个IT产业的2%左右，而美欧的这一比例通常在8%～10%，差距十分明显。网络安全演习可以重塑我国网络安全产业格局，加快突破网络安全核心元器件和关键技术研发，从技术层面提高网络安全威胁应对能力，形成技术突破、装备发展、人才培养的新土壤、新通道，推进打造网络国防力量的产业向纵深发展。

（三）开展网络安全演习有助于提高协同联动的应急响应能力

我国网络空间“九龙治网”的工作方式仍然存在，国家层面在坚持依法治网的同时，可借鉴美欧网络安全演习的成功做法，尽快启动国家层面网络空间安全演习。并以此为牵引，加强多机构间的协同合作，特别是强化政企军之间的协同合作能力，尽快建立起统一高效的网络安全风险通报机制、情报共享机制和应急处置机制等，准确把握国际、国内网络安全态势，切实发挥网络空间“一把手工程”的战略效应和推动力度，引导网络空间军民融合走向“统一部署、统一指挥、统一行动”的新局面。

（四）开展网络安全演习有助于加快国家级网络安全靶场建设

为了能在网络空间战场中占据主动，网络攻防的仿真模拟已成为各国争相采用的一种重要方式。美国政府为了增强信息化作战能力，早在2008年就已着手建设国家网络靶场，是自20世纪50年代实施“人造地球卫星计划”以来，由美国国会向国防高级研究计划局直接下达的唯一项目，旨在保持美国在全球的网络霸权。英国、澳大利亚也相继着手建设各类攻防演练靶场，并在网络战领域都迈出了实质性的步伐，包括成立网络战司令部、网络战小组以及开展网络战演习等。我国也应尽快开展国家级的网络安全靶场建设，打造面向各类用户、涵盖各行业各领域的安全科研与试验保障环境，以期在网络空间安全控制权争夺中获得主动权。

（撰稿人：吴　博、赵　勇）

网络空间国际治理现状与趋势

摘要：受“WannaCry”勒索病毒肆虐等全球性网络安全事件影响，各国致力于探寻网络空间安全与稳定的国际合作意愿更趋强烈。然而，在大国现实政治与网络空间映射关系日益深化，各国在网络空间军事、外交等领域的全方位竞争合作也更加凸显。同时，在数字经济全球化浪潮驱动下，人工智能、区块链、物联网等新兴技术快速崛起，围绕新兴技术领域国际规则制定的大幕全面开启。展望未来，大国关系变化将主导网络空间国际治理的主要走向，网络空间国际博弈激烈程度将大幅提升。

一、2017年全球网络空间国际治理总体态势

2017年以来，随着各国政府深入参与到网络空间治理进程中，网络空间国际治理越发受到全球现实政治影响，围绕各类治理议题的多方竞争合作博弈更趋复杂。与此同时，网络安全问题的不断涌现和信息技术产业的创新变革，驱动着国际治理呼声日益高涨、新兴治理热点快速涌现。

（一）网络空间国际规则制定进入深水区

一方面，本届联合国信息安全政府专家组（UNGGE）因自卫权、反措施等相关国际法在网络空间适用的明显分歧，而未能达成最终成果性文件。这意味着随着联合国网络空间国际治理进程从原则性

规范转向具体条款适用，直接关系到各国在网络空间的核心安全利益，在缺乏有效共识的情况下，达成一致接受的成果越发艰难。另一方面，美西方国家政府、智库、企业纷纷出台网络空间国际行为规范，如法国《建设数字社会中的国际和平与安全》、北约的《塔林手册 2.0》、微软《数字日内瓦公约》、荷兰政府和美国东西方研究所组建全球网络空间稳定委员会、G7《网络空间国家责任声明》等。美国及欧洲等西方国家正试图通过系列文件逐步凝聚共识和推进合作，在有效阻断中俄等国推进的国际规则制定进程的同时，进而谋求形成符合自身利益的网络空间国际治理规则。

（二）网络安全国际竞争合作博弈持续深化

在区域合作领域，2017 年受 WannaCry 勒索病毒肆虐等全球性网络安全事件影响，国际社会各方网络合作进一步深化，致力于探寻更加安全与稳妥的解决之道。七国集团（G7）、二十国集团（G20）就构建安全网络环境、建设安全的信息基础设施等方面进行深入讨论。2017 年 12 月美国特朗普政府的首份《国家安全战略》中明确与欧洲、亚太和中东地区盟国和伙伴共同建立强有力的防护网络，进一步加强信息共享、共同打击网络空间恶意行为的合作。在双边合作领域，受现实国际政治格局与双边关系影响，中美、中俄网络安全竞争合作博弈呈现出不同变化与特点。从中美看，国际合作工作持续推进。2017 年首轮中美执法及网络安全对话、中美网络安全二轨对话，两国政府代表和学者围绕当前两国在网络反恐、打击网络犯罪、网络空间主权等网络安全重大问题，寻找扩大共识和缩小分歧的解决方案。从美俄来看，在 2017 年持续发酵的“俄网络干选”事件影响下，双方网络安全竞争更趋紧张。2017 年 8 月，美共和党参议员向美国会提交一项授权法案，禁止特朗普与俄罗斯建立联合网络安全部门。2017 年 11 月，美国指控俄罗斯针对白宫使用恶意软件，塑造俄罗斯对全球网络空间的威胁者形象。

（三）各国网上信息内容治理大幅加强

受全球恐怖主义和极端主义威胁向网络空间蔓延的持续影响，欧洲主要国家出于维护公共安全的需求，全面强化互联网企业对网络信息内容的治理责任。2017 年 5 月七国集团峰会（G7 Summit）发表声明，呼吁互联网服务提供商和社交媒体巨头加大力度联合打击在线恐怖内容。2017 年 7 月，德国出台《反仇恨言论法》要求互联网企业移除暴力、非法内容和虚假信息，并提出了高达 5000 万欧元的罚款。2017 年 9 月，欧盟委员会发布了针对互联网企业打击非法内容的指导方针，并警告相关企业加快消除恐怖主义和极端主义信息内容。与此同时，自 2017 年初美国政府宣布俄罗斯黑客确定干扰美国总统大选以来，围绕俄罗斯干预他国民主政治进程的调查事件不断发酵，并扩展到英、法、德等欧洲国家。美英等国政府纷纷向脸书（Facebook）、推特（Twitter）等互联网企业施压，要求共享有关俄罗斯通过散播虚假新闻干扰政治的相关信息，并敦促企业采取有效措施打击网络虚假信息。

（四）网络空间数据安全规则日益分化

全球数据本地化趋势逐步蔓延。以俄罗斯为代表，数据本地化存储要求最为严格，继以违反数据本地存储法律要求封锁领英（LinkedIn）后，2017 年又对脸书发出了将予以阻断警告。欧盟和我国则在数据本地化和跨境流动寻求平衡，一定程度上采取了数据本地化政策，对跨境数据流动实施了限制。继 2016 年欧盟通过《一般数据保护条例》限制跨境数据流动后，2017 年德法数据保护机构相继做出决定，禁止脸书与其收购的瓦次普（WhatsApp）之间用户数据的共享和转移。我国也相继发布了《个人信息和重要数据出境安全评估办法（征求意见稿）》和国家标准《信息安全技术数据出境安全评估指南（征求意见稿）》，对个人信息和重要数据出境提出明确的管理要求。与之相对，虽然美国政府在特朗普上台后宣布退出了支持跨境数据自由流动的跨太平洋伙伴关系协定，但美国商务部长罗斯在 2017 年 10 月发表的演讲中明确表示，美国仍将寻求扩张亚太经合组织（APEC）基于自愿原则加入的《跨境隐私规则体系》，以防止其他国家限制跨境数据流动，并探索使《跨境隐私规则体系》与欧盟数据隐私保护机制相适应的路径。

（五）关键资源治理主导权博弈进入新阶段

作为负责在全球范围内对互联网唯一标识符系统及其安全稳定的运营进行协调的管理机构，2017 年 ICANN 国际化改革迈出关键一步。1 月，宣布与美商务部 2009 年签署的承诺确认文件终止，至此，ICANN 与美政府之间的协议已全部解除。2 月，ICANN 董事会治理委员会通过改进计划，成立一个新的负责监督 ICANN 问责机制的董事委员会，正式启动赋权社群工作。在改革后的社群问责体系下，ICANN 董事会的权力将受到社群的限制与约束，赋权社群拥有任免 ICANN 董事会成员或重组董事会的权力，并由此将形成以赋权社群为核心的 ICANN 治理体系与问责机制。但是就目前情况看，IANA 职权移交并未能实质性改变 ICANN 资源分布和权力分配的不对称性，也远未完成国际社会各方对“多利益相关体”创新机制建设的期待。如 ICANN 政府咨询委员会因故缺席赋权社群首次工作会议，司法管辖权问题仍处争议中。

（六）数字经济驱动网络空间治理新热点不断涌现

2017 年，人工智能、无人驾驶、物联网、区块链、5G、量子通信等技术加速发展并成为各国产业竞争的前沿，主要国家政府相继出台数字经济相关战略政策，积极推动人工智能、无人驾驶、物联网等领域的产业发展。如美国国会众议院通过一部《自动驾驶法案》(《SELF DRIVE Act》)[1]，其纽约州通过关于算法问责的法案(《Automated decision systems used by agencies》[2])；欧盟通过全球首个关于制定机器人民事法律规则的决议[3]，德国提出全球首个自动驾驶汽车伦理原则；我国出台《新一代人工智能发展规划》。与此同时，全球主要国际性组织也全面关注新技术引发的新治理议题。例如世界经济论坛高度关注工业 4.0、数字经济和网络安全等议题，电气电子工程师学会发布了《人工智能设计的伦理准则(第二版)》，以此来规范人工智能未来的产业发展；国际电联也在发布全新的 5G 标准规范。

二、2018 年全球网络空间国际治理趋势展望

(一) 大国关系将加剧网络空间国际治理复杂化

随着美俄两国日益紧张的大国关系投射到网络空间，两国网络空间国际治理上的对抗将进一步白热化。美国等西方国家出于维护民主政治安全的目的，将不断通过网络空间结盟合作、强化网络自卫权和反措施等方式来抵御来自俄罗斯网络的虚假政治宣传和意识形态渗透。与之相对，俄罗斯全球网络空间战略具有显著的去美国化趋势，积极寻求阻断美国主导下的国际规则制定进程。

[1] https：//www.congress.gov/bill/115th-congress/house-bill/3388

[2] http：//legistar.council.nyc.gov/LegislationDetail.aspx?ID=3137815&GUID=437A6A6D-62E1-47E2-9C42-461253F9C6D0

[3] http：//www.europarl.europa.eu/sides/getDoc.do?pubRef=-//EP//TEXT+TA+P8-TA-2017-0051+0+DOC+XML+V0//EN

（二）各方围绕数字经济国际规则布局全面展开

在世界经济增长动能不足，贫富分化日益严重的大背景下，信息技术产业创新带来的数字经济异军突起，成为驱动全球经济发展的有力引擎，数字经济新规则制定将直接关系到各国长远发展利益。出于抢抓新规则制定主导权的需要，国际社会各方围绕人工智能、无人驾驶、物联网、区块链、5G、量子通信等新兴领域治理的交流互动将持续增强，国际合作机制将大量涌现，联合发布国际规范文件将显著增多。

（三）网络安全合作逐步向专业化细分领域发展

随着网络空间与现实世界融合渗透持续深化，除了在既有的打击网络犯罪和恐怖主义，以及应对网络攻击等传统安全领域外，当前国际社会网络安全合作的核心关切点将进一步向更加专业化的领域拓展，如金融系统安全、物联网安全、关键基础设施保护以及隐私保护等领域，这就意味着安全合作向着实践“一线”延伸，未来国际网络安全合作的相关对接将更加专业化和精准化。

（四）网上信息内容治理制度机制构建持续加速

在网上恐怖主义威胁加剧和俄罗斯黑客干预大选事件的影响下，美国等西方国家对网上信息内容管制的政策调整将不断加快，传统媒体审核手段将向互联网延伸，逐步结束互联网企业不承担起信息内容安全责任的历史。以社交媒体为代表的互联网企业主动开展对政治广告、伦理、种族等相关内容过滤，强化违法有害信息内容处置时限要求将成为重点。

（撰稿人：彭志艺、闫希敏、谢俐倞）

关于深化信息通信行业诈骗治理工作的建议

摘要：近年来，我国通信信息诈骗犯罪活动猖獗，已成为当前影响人民群众安全感和幸福感的一大社会公害。在全行业的共同努力下，治理工作取得阶段性明显成效，初步实现了“涉案号码通报数量明显下降”和“用户投诉举报数据明显下降”的“两降”目标。然而，通信信息诈骗治理工作始终处于一个动态博弈的过程，具有长期性和复杂性。当前形势依然严峻，呈现出由电话、短信诈骗向网络诈骗演进、技术对抗强度不断上升、诈骗实施日益精准化专业化、目标人群向境外公民转移的新趋势。本文系统总结国际国内治理经验做法，深入分析当前治理工作的趋势走向和问题短板，研究提出了深化行业防范打击通信信息诈骗工作的相关政策建议。

一、通信信息诈骗的特点与成因分析

通信信息诈骗主要是指诈骗分子以非法占有为目的，利用电信、互联网等信息通信技术和工具，通过发送短信、拨打电话、网络聊天等联络手段，诱骗、盗取被害人资金汇存入其控制的银行账户，实施违法犯罪的行为。

（一）我国通信信息诈骗的现状特点

当前，我国通信信息诈骗呈现手法变化复杂多样、组织形式分工细化、犯罪窝点地域性集中、实施行为空间跨度大等特点。一是诈骗实施手段多样化、精准化。随着我国打击通信信息诈骗力度不断加大，诈骗实施手段不断翻新，方式更加隐蔽、花样不断翻新，逐渐从传统广撒网、诱导式“撞骗”向“连环设局、精准下套”的精准诈骗转变。二是诈骗犯罪主体地域化、职业化。同一地域诈骗分子结伙形成的地域性职业犯罪团伙日益成为通信信息诈骗犯罪活动的突出特点，现阶段可分为以台湾人为头目和骨干的“台湾系”诈骗集团和以大陆省份人员为主的诈骗团伙两大类。三是诈骗组织构成专业化、产业化。通信信息诈骗呈现出产业化发展的态势，内部分工越来越细，专业化程度越来越高，形成了一个盘根错节的利益化链条或者网络。四是诈骗实施行为跨境化、跨区化。随着我国经济全球化和区域一体化进程的不断推进，交通通信工具日益便捷，人员国际往来日趋便利，区域间物流支付日益发达，通信信息诈骗活动跨境、跨区域成为常态。

（二）通信信息诈骗活动的主要成因

当前，我国经济社会发展不平衡不充分的深层次问题日益突出，各方面风险不断积累和逐步显露。互联网与经济社会各领域融合渗透持续深化，使得网络空间日益成为映射现实社会问题的窗口。通信信息诈骗作为传统诈骗犯罪在信息时代所衍生的一种特有犯罪形态，其形成原因十分复杂。

一是个人信息泄露是诈骗活动成功实施的关键因素。当前，我国个人信息在网络黑市上贩卖猖獗，不仅涉及身份信息、电话号码、家庭住址、工作单位，甚至还包含消费记录、家庭财产收入、购物记录、出行记录等信息。诈骗分子在精准掌握用户个人信息的情况下，很容易编造出迷惑性极高的诈骗场景。二是信息通信技术发展为诈骗活动提供了便捷渠道。诈骗分子通过搜索引擎可以搜索到改号软件、虚假交易软件等非法工具；通过电商平台可以找到商家贩卖的个人信息；通过社交软件群雇人可以发送伪基站信息、拨打电话、转账取款、洗钱等。三是相关企业安全责任意识淡薄为诈骗活动提供了可乘之机。如虚拟运营商安全管理松散，不实名登记、违规开卡等问题突出，170、171号段一度成为诈骗分子的首选。部分农村信用社、地方银行违规办理的大量非实名银行卡被诈骗分子用来层层转账，快速提取赃款。四是防范意识不强、贪图小利是诈骗活动成功实施的重要原因。民众安全防范意识和能力不均衡，不仅体现在经济发达省份民众与欠发达省份之间，也体现在一般人群与老人、青少年、农民工等特殊群体之间。犯罪分子充分利用受害者贪图小恩小惠、幻想天上会掉馅饼的心理，借助各种手法进行诱导，消除受害者疑虑，最终实施诈骗。

究其深层原因看，一方面，通信信息诈骗活动兴起与我国正处于社会发展转型阶段有密切的关系。当前，中国正处在经济社会转型期，社会贫富不均、城乡差异大、道德观念下滑等诱发违法犯罪的各种消极因素大量存在。同时，我国是人口大国，大量的剩余劳动力以隐性失业的形式散布在农村。这部分群体法律意识淡薄，往往选择不择手段获取财富，为通信信息诈骗犯罪活动的滋生蔓延提供了土壤。另一方面，我国现有社会治理体系与治理能力尚不适应通信信息诈骗活动特点。通信信息诈骗作为一种远程非接触的新型犯罪活动，时空跨度大、技术含量高，传统社会治理手段难以适应，相关部门和企业防范打击经验有所不足。同时，通信信息诈骗活动涉及人员流、信息流、资金流的综合跟踪、分析和查处等工作，仅靠单一地区、单一部门、单一主体难以实现有效治理。

二、主要国家和地区通信信息诈骗治理的经验做法

为治理通信信息诈骗，主要国家和地区政府部门纷纷加强法律法规建设和组织体系保障，对用户要求电话实名登记，同步配套相应技术手段，积极强化信用管理和用户举报等社会监督机制，有效遏制通信信息诈骗活动泛滥蔓延。

（一）注重立法先行，强化诈骗治理的法制基础

一是制定专门性法律法规。在诈骗治理前置防范环节，个人信息保护专项立法已成为国际惯例，目前全球已有近90个国家和地区制定了专门针对个人信息保护的法律。在诈骗治理的信息传播管控环节，美国在《电话消费者保护法》及《控制非自愿色情和推销侵扰法》两部法律中明确规定，不得向消费者发送与商业营销、产品推广、服务广告有关的垃圾短信、诈骗短信。二是通过立法明确企业处置义务和权力。美国分别赋予银行和通信运营商主动封锁诈骗账户、拦截诈骗电话等权利。韩国则在《电信事业法》修正案强制要求运营商采取相应的技术措施，拦截虚假主叫电话，否则将被处以罚款。三是加大违法行为惩处力度。美国联邦法规定，对不法分子的电信诈骗行为可处以超过10万美元、监禁多年的处罚，对电话营销企业或个人可处以每次1.6万美元的罚款。

（二）强化实名管理，大力提升实名登记准确率

一是强化移动电话办理用户真实身份登记。在美国，手机账户需要与个人社会安全号捆绑，如果用户不能提供社会安全号，必须出示护照、信用卡、学生证等能证明身份的文件。二是明确责任主

体用户身份认证管理要求。新加坡信息通信发展局要求所有移动业务零售店和业务经营者都配备“身份扫描识别系统”，新用户必须提交身份证到系统进行扫描和登记后才能开通服务。三是实施移动电话与相关业务捆绑。墨西哥将移动电话与固定电话进行捆绑，《联邦电信法》要求用户必须提供两部其亲戚或朋友家中的固定电话，以便工作人员查证该手机用户信息的真实性，待实名登记手续和个人资料真实性验证完成后，手机才会被激活。四是强化号码过户等特定环节实名制管理。德国相关法律要求用户在办理过户手续时必须提供相应的身份证明，否则新持卡人用该手机卡从事违法行为，原持卡人将会负法律责任。

（三）建立信用平台，强化信用警示与约束效应

一是强制签订信用合同。德国建立起一套完备的信用网络，所有德国个人和公司在德国信贷风险保护协会（SCHUFA）都有信用档案和评分。用户在银行开户，签订手机、网络等服务合同时，必须进行实名登记，接受严格的身份检验，并签订“信用合同”。一旦发生通信信息诈骗，银行可以通过 SCHUFA 的系统查出相关信息，为用户追回钱款，系统将自动扣除被查出涉嫌通信信息诈骗的个人和公司的信用分。二是依托信用体系增大诈骗犯罪成本。在美国，信用记录有显著瑕疵（如通信信息诈骗犯罪行为）的个人和企业，其生活和发展会受到明显的负面影响，在法律规定的时限内，失信记录会被保存和传播。失信者会受到惩罚，而守信者则会获得种种便利和好处。美国完善的信用管理体系极大增加了社会主体实施通信信息诈骗等失信行为的违法成本，成为诈骗治理体系中的重要一环。

（四）建立专门机制，提升诈骗治理工作主动性

一是通过立法明确建立“拒绝来电”机制。美国联邦贸易委员

会根据《电话消费者保护法》推出“拒绝电话推销名单”免费登记平台，任何座机和手机用户都可在专门网站上免费注册，一旦被用户列入“拒绝来电名单”，除了公益性质的机构外，任何人向该电话推销都属于违法行为。二是限制违规责任主体电信资源使用。印度要求基础电信企业一旦发现未通过“谢绝来电”注册的企业或个人拨打营销骚扰和诈骗电话，必须立刻切断其所有电信资源并列入黑名单，要求基础电信企业收到由“谢绝来电”平台提供的黑名单24小时内切断名单上电话营销者的电信资源。

（五）强化技术手段，加强电话诈骗拦截与提醒

一是发达国家普遍建设诈骗电话拦截屏蔽技术手段。美国联邦通信委员会（FCC）敦促电话公司采取措施免费为消费者提供自动呼叫电话的拦截技术，AT&T、苹果、谷歌、Verizon等联手组成“反自动呼叫电话打击行动组”，开发主叫号码ID识别技术，屏蔽虚假号码拨出的电话。二是部分国家积极开发面向用户终端的安全防范技术。日本富士通公司和名古屋大学合作开发“手机会话分析软件”，将诈骗汇款内容中包含的关键词设定为危险词语，如交通事故、汇款等。同时，该软件可基于关键词和通话语调变化等，综合判断用户是否可能正被诈骗。软件一旦发现用户处于被欺骗状态，手机会马上发出警报声，并在手机屏幕上显示提示语。

（六）加强社会监督，构建协同治理的工作合力

一是在社会监督方面，各国均将畅通社会举报渠道作为吸引社会民众参与治理的重要途径。美国、德国组建了专门机构，负责集中受理用户举报和问题调查。法国组织电信运营企业建立了名为“33700”跨运营商联合举报平台，统一负责接收用户举报。二是在提升民众防范能力方面，各国均将宣传教育作为治理工作的优先方

向。法国内政部、澳大利亚竞争和消费委员会（ACCC）均在其网站专门发布近期常见的通信信息诈骗手法，并为用户提供了相应的信息核查验证渠道。

综合来看，主要国家和地区的通信信息诈骗治理工作呈现以下基本特征：在治理模式上，注重依法治理、协同联动，通过明确各环节各主体的责任义务，统领整个治理工作。在治理举措上，注重标本兼治、技管结合，大力建设技术防范管控手段持续提升防范打击能力，并采用实名制、信用管理、"拒绝来电"机制等管理措施巩固治理成效。在治理机制上，注重专群结合、群防群治，积极构建政府、电信运营商、科技公司（如苹果、谷歌、富士通）、安全厂商（如迈克菲、卡巴斯基）、高校（如名古屋大学）、社会组织（如澳大利亚竞争和消费委员会）、用户等各类主体共同参与的多元治理格局。

三、防范打击通信信息诈骗工作形势与挑战

在党中央、国务院坚强领导下，信息通信行业瞄准实现根本性好转的目标，深入开展电话用户实名登记、重点业务整顿、技术手段建设、违法违规责任追究、宣传教育及风险预警等工作，形成了协同联动、开放共治的通信信息诈骗治理格局。经过全行业共同努力，通信行业通信信息诈骗治理取得阶段性明显成效。一方面，涉案号码通报数量明显下降，以"400"号码举报量为例，已由2016年月均700多个下降到目前的个位数；另一方面，用户投诉举报数据呈现整体持续下降趋势，2017年12月份用户举报数与去年同期相比下降了59.9%，数量下降为原来的近三分之一。同时，2017年第四季度，用户通过手机APP标记的诈骗电话号码数量比去年同期下

降47.4%。总的来看，基于电话、短信等形式的通信信息诈骗活动初步得到了有效遏制。然而，通信信息诈骗治理始终处于一个动态博弈的过程，具有长期性和复杂性。当前形势依然严峻，治理工作任重道远。

（一）防范打击通信信息诈骗工作面临的形势

一是通信信息诈骗从电话短信诈骗向网络诈骗演进。当前，传统基于电信网络的通信信息诈骗加速向互联网转移，网络诈骗已成为发案最多、增长势头最猛的通信信息诈骗。网络诈骗具有信息传播链条长、涉及主体多、身份信息易隐藏等特点，为诈骗分子提供了有效规避现有监管手段的途径，加大了政府部门溯源查处难度。二是通信信息诈骗治理对抗强度不断上升。随着诈骗分子诈骗手段和经验的不断提升，其在研发新型骗术时，往往会深入研究现有的网络服务，通过发现各类业务的管理规则和技术防范漏洞，或利用用户对业务规则不熟悉，不断创新诈骗犯罪实施方式。三是通信信息诈骗实施精准化程度持续提高。在与行业监管部门的博弈对抗过程中，通信信息诈骗产业链条也愈发成熟，部分诈骗团伙的规模和专业分工程度可媲美中小型企业。四是通信信息诈骗目标人群向境外公民转移。在政府部门的高压打击下，我国境内通信信息诈骗活动空间明显压缩，诈骗分子逐步将目标转向在境外的中国公民。由于诈骗活动实施地点在境外，国内有关部门很难实现追踪溯源和跨境打击。

（二）防范打击通信信息诈骗工作面临的挑战

与持续变化的诈骗犯罪活动形势相比，防范打击工作存在一定的“短板”。一是在法律法规方面，无法可依和有法难依现象突出。例如，个人出卖本人银行卡、手机卡、网上支付账号等行为存在如何定性问题，为诈骗分子提供技术支持、广告推广、支付结算等行为的法律适用问题也有待研究解决。二是在行业管理方面，现有用户个人信息保护、电话用户实名登记基础性制度已经较为细化和完善，但在具体的企业责任落实方面，特别是对"实人实名"等管理要求的监督落实力度仍需加强。三是在技术手段方面，针对通信信息诈骗技术对抗强度不断提升的新形势，已有技术平台和系统在相关技术实施策略上仍需持续优化，在利用大数据、人工智能等新兴技术实现事前有效防范和事中事后精准溯源等方面还需深入探索。四是在社会共治方面，相关部门与企业、行业组织建立了高效的联动处置机制，但在具体操作流程方面尚有待进一步规范；企业、研究机构等相关治理主体需打破各治理主体各自为政的局面，进一步加大在违规号码标记、用户信用分级、异常行为监测、安全风险预警等方面的信息共享和技术交流。

四、深化行业防范打击通信信息诈骗工作的建议

面对当前诈骗活动呈现出新形势新特点，行业防范打击工作仍需常抓不懈、久久为功，持续完善法律法规，不断提升行业监管效能，进一步充分发挥社会共治作用，将防范打击通信信息诈骗工作不断引向深入。

（一）法律法规方面

一是在立法层面，结合防范打击通信信息诈骗实际需求，在法律上细化出卖本人银行卡、手机卡等涉及通信信息诈骗的违法违规行为，切断违法犯罪途径，使防范打击通信信息诈骗工作有法可依、有据可循。二是在执法层面，加快制定办理信息通信行业通信信息诈骗案件（特别是电子证据取证、执法等操作流程）的规范指引，

进一步明确政府相关部门与企业、行业组织联动处置的流程规范。

（二）行业管理方面

一是强化和巩固行业用户个人信息保护和电话实名制工作。研究出台网络数据安全保护指导意见，明确数据安全的范围边界、责任主体和具体要求，加强用户登记信息真实性核验。二是重点整治钓鱼网站、“僵木蠕”、移动互联网恶意程序等网络诈骗突出问题，进一步加强对即时通信、社交平台、搜索引擎等信息传播渠道管理，强化对二维码、短域名转换等新技术新业务的安全评估，推动企业建立网络诈骗信息巡查处置机制和配套技术手段。三是加强监督检查与安全考核，强化公安通报、用户举报、行业监管部门监督检查问题的整改，固化行政约谈、行政处罚、行业通报、社会曝光等工作机制，督促企业切实落实安全责任。

（三）技术手段方面

一是利用大数据技术强化对诈骗信息研判能力。积极探索基于大数据分析的技术管控能力，及时预警高风险短信与电话。鼓励电信企业依法利用大数据技术对电话通信记录中的高危号码进行分析和标记。二是强化诈骗实施技术手段的跟踪应对。及时跟踪诈骗分子利用二维码、短域名转换等互联网新技术新业务实施诈骗的趋势，分析典型诈骗案例中技术特征，研究技术应对思路和措施，不断提升技术安全保障能力。

（四）社会共治方面

一是搭建信息共享交流平台，积极分析总结行业通信信息诈骗治理的优秀做法和有益经验，定期发布通信信息诈骗治理最佳实践指南，提升行业整体治理效能。二是健全完善行业自律规范制度，组织企业制定语音专线、400 等诈骗风险较大的重点电信业务的自律公约；积极探索基于违法违规码号、通信信息诈骗关键词和网址链接、用户黑名单信息的共享查询机制，实现违法违规主体和相关责任人的“一处违规、处处受限”。三是建立用户参与通信信息诈骗治理激励机制，通过实施有奖举报、组织安全竞赛、评选优秀代表等多种方式激励广大用户参与防范打击通信信息诈骗工作，形成群策群力、群防群治的生动工作局面。

（撰稿人：彭志艺、张振涛、王玉环、姜宇泽、王丽耀、魏　薇、杨剑锋）

美欧等西方国家信息内容治理动向及对我国的启示建议

摘要：党的十八大以来，党中央高度重视互联网信息内容治理工作，在建章立制和治理实践等方面取得积极进展，推动网络安全和信息化工作取得历史性成就。习近平总书记在2018年4月20日的全国网络安全和信息化工作会议上，提出了“提高网络综合治理能力，形成党委领导、政府管理、企业履责、社会监督、网民自律等多主体参与，经济、法律、技术等多种手段相结合的综合治网格局”的总目标，进一步明确了“压实互联网企业的主体责任，决不能让互联网成为传播有害信息、造谣生事的平台”的总要求。认真贯彻落实习近平总书记讲话精神，深入理解和把握全球信息内容安全态势变化，积极借鉴美欧等西方国家信息内容治理的有益经验做法，对进一步完善我国网络综合治理体系，具有重要的现实意义。

一、全球信息内容安全态势

（一）网上虚假新闻泛滥成为影响国家政治安全的新威胁

随着互联网打破传统媒体垄断舆论信息传播格局，网络平台日益成为各类信息内容传播的主渠道。然而，网络传播的开放性、隐匿性，以及用户画像建模、定向信息推送等数据分析和内容分发技术的逐步成熟，使其成为政治力量散播虚假信息进而操纵政治事件走向的重要舞台。美国哈佛大学肯尼迪政治学院发布的报告指出，虚假新闻操纵者在广泛收集分析用户行为数据的基础上，可以方便地利用各类大型网络平台提供的目标受众分类和定向广告推送等市场营销服务，快速建立起极具针对性和精准性地虚假信息投放体系。自 2016 年以来，美国、德国、荷兰、法国、肯尼亚、印度和西班牙这七个国家的大选活动均受到网上虚假新闻的冲击，“英国脱欧”“特朗普当选”等政治“黑天鹅事件”频繁出现，严重干扰国家民主政治进程。

（二）网络暴力恐怖言论散播成为危及现实社会稳定的新挑战

在国际反恐力量的联合打击下，恐怖主义活动的现实空间受到明显挤压，呈现出向网络空间加速转移的态势。在当前全球各国族群对立、宗教矛盾突出的大背景下，国际恐怖组织和暴力恐怖分子纷纷成立网络行动小组，利用互联网化整为零、隐蔽勾连，广泛借助即时通信群组、网络社交平台、论坛等不断散播暴恐音视频，大肆宣扬异族异教邪恶等极端主义和仇恨言论思想，通过激化局部地区的民族与信仰矛盾，制造民众对立情绪，诱发群体性冲突，对社会稳定产生巨大挑战。近期，联合国对缅甸危机的调查结果，反映出极端主义和仇恨言论在脸书等网络平台上的传播，对危机的持续深化起到了推波助澜的作用。

（三）网络犯罪信息蔓延成为经济民生安全保障的新问题

当前，以互联网为代表的信息技术快速发展和迅速普及，大量传统犯罪随之向网络空间快速蔓延，以网络诈骗、勒索为目的的违法有害信息在网上大肆传播，黑色产业链和集团化的犯罪组织分工越发细化、专业程度不断提高，日益呈现出体系化、规模化、产业化的特点，形成了一个盘根错节的利益化链条或者网络，对企业和民众经济财产安全带来显著威胁。据国际安全厂商诺顿公司的研究报告显示，2017 年全球因网络欺诈等犯罪行为造成的经济损失高达 1720 亿美元。

二、美欧等西方国家信息内容治理的动向与特点

在虚假新闻、暴力恐怖言论和欺诈犯罪等违法有害信息全球蔓延的背景下，美欧等西方国家高度重视信息内容治理对维护国家安全和社会稳定的重要性，一改以往对网络言论自由的全面追捧态度，纷纷全面加强了对违法有害信息内容的治理力度。从 2016 年末到 2017 年中期，美国及欧洲等西方国家进入了信息内容安全立法的爆发期，政府部门在网络监控、加密管理等领域的法律授权大幅扩张，网络平台企业在网上非法内容清除、网络数据留存等方面的法律责任全面加强。2017 年中期以来，随着以明确政企权责归属为主的建章立制阶段结束，美国及欧洲等西方国家逐步进入了以具体领域治理实践为主的体制机制建设新阶段。

（一）建立以平台企业为核心的安全责任体系

大型网络平台作为各类网络信息汇聚分发的主要节点，日益成为信息内容治理的核心主体，各国纷纷把明确网络平台企业责任作为信息内容治理工作的首要内容。2017 年 9 月，欧盟发布了对网络公司信息内容治理的指导方针，明确提出企业要设立专门配合执法部门的联络点，引入第三方开展非法内容监控，投资研发非法内容检测技术等义务。2018 年 1 月，德国正式施行的《改进社交网络中法律执行的法案》（以下简称《网络执行法》）对社交网络平台的主体责任做出了明确规定，包括向用户提供 24 小时非法内容举报服务，指定

专人负责处理用户投诉，规定时限清理网上非法内容，定期上报打击非法言论工作情况等。

（二）构建以专职机构为统领的行政监管架构

信息内容治理工作具有覆盖面广、涉及领域多的特点，不同领域的治理往往具有较强的专业性，各国普遍通过设立专门性机构实现管理统筹和资源整合。在治理虚假信息方面，美国成立“全球作战中心”，整合包括国防部、国际开发署、广播理事会、情报机关等政府部门资源，对敌对国家散播虚假信息行为进行反制和曝光。英国和新加坡则分别成立新的国家安全机构和特选委员会，专门研究网上虚假信息制造者的动机，提出应对和打击的具体措施。在打击暴恐言论方面，美国成立“跨部门反网络暴力激化工作组”，欧洲刑警组织创办“互联网举报部”，英国组建“反恐互联网举证部门”，专门负责监控和清理与暴力恐怖组织有关的网络信息。

（三）丰富以立体协同为关键的多元管理手段

随着网络主体空前扩张、业务创新层出不穷，单一管理手段越发难以适应信息内容治理需要，各国越发注重构建立体化、多层次的管理手段。一是加强对企业责任落实的行政监督。欧盟开展了对脸书、推特、优兔、微软等网络平台企业自我治理成效的调查，并于 2017 年 6 月公布了评估结果；英国上议院也于近期启动了相关调查。二是强化对网上违法行为的法律惩处。法国立法规定在网上宣扬恐怖主义、极端主义信息的个人可获判 4.5 万欧元的罚款和长期监禁。德国《网络执法法》对违反信息内容安全规定的社交平台，可处以最高 5000 万欧元（约合 4 亿人民币）的“天价”罚款。三是探索对企业自治成效的经济约束。继美国采取税收调节的方式对网上儿童色情信息传播进行治理后，英国政府也在其互联网安全战略绿皮书中提出将考虑引入社交媒体税，督促企业采取更为有力的安全管理措施。

（四）深化以多方参与为目标的综合治理格局

当前，信息内容安全问题日益复杂化和多样化，美国及欧洲等西方国家普遍认识到仅靠政府单打独斗已不适应信息内容治理的需要，必须推动政府、企业、社会组织之间资源和手段的优势互补，才能有效实现信息内容治理的目标。一方面，积极推进政企间情报共享与技术合作。美国国土安全部、联邦通信委员会、中央情报局等政府机构和谷歌、苹果、脸书等企业共同组成互联网打击恐怖主义的工作组，共享网上恐怖主义等违法有害信息线索。英法两国则与互联网企业开展技术合作，共同开发自动识别和清除违法有害信息的工具。另一方面，主动引导产学研力量参与治理工作。欧盟组建了由民间团体、网络企业、新闻媒体组织和学术界代表组成的专家小组，协助政府管理部门制定抵制虚假信息传播的政策法规文件。美国则设立专项基金，向非政府组织、民间团体、新闻媒体组织、研究机构、学界专家提供资助，协助开展暴力恐怖言论和虚假信息的识别分析工作。

三、我国加强信息内容治理的政策建议

习近平总书记在2018年4月20日的全国网络安全和信息化工作会议上，提出了“提高网络综合治理能力，形成党委领导、政府管理、企业履责、社会监督、网民自律等多主体参与，经济、法律、技术等多种手段相结合的综合治网格局”的总目标，进一步明确了“压实互联网企业的主体责任，决不能让互联网成为传播有害信息、造谣生事的平台”的总要求。认真贯彻落实习近平总书记讲话精神

有关要求，既要立足我国现实国情，又要充分借鉴国际治理经验，持续完善维护国家信息内容安全的网络综合治理体系，积极营造风清气正的网络空间。

（一）构建企业信息内容安全的责任体系

一方面，在《全国人民代表大会常务委员会关于加强网络信息保护的决定》《反恐怖主义法》《网络安全法》的基础上，进一步建立完善互联网企业信息内容安全的责任清单，细化互联网企业在人员机构配套、信息内容巡查、举报通报核查、突发应急处置等责任义务的具体操作性规范，督促互联网企业严格落实新技术新业务安全风险评估、提供技术接口和执法配合等管理要求。另一方面，针对即时通信、网络云盘、网络直播等网上违法有害信息集聚风险较大的重点业务平台，进一步强化企业信息内容管控、用户网络日志留存等技术安全保障措施，确保与网络和业务发展的同步规划、同步建设、同步运行。

（二）强化企业信息内容安全的监督问责

一是建立重点业务专项督查、行业日常检查、企业内部自查的常态化、多层次的督导检查工作体系。严格对标互联网企业信息内容安全的责任清单，就企业制度机制、业务管理、技术防范、应急处置等有关要求落实情况进行监督检查。二是制定互联网企业落实信息内容安全责任的评价制度，结合用户举报通报、专项监督检查、相关政府部门通报等数据，定期对企业安全责任落实情况进行评估，及时向社会公布结果。三是依法严惩违反信息内容安全规定的企业，对落实不到位或违法违规的，视情节严重依法予以通报批评、行政处罚或行政约谈，并及时将行政处理结果纳入国家企业信用信息公示系统。

（三）不断提升技术监测预警与溯源处置能力

一是加大对即时通信、社区论坛、网络云盘、网络直播等重点业务平台的技术监测力度，强化互联网 IP 地址、域名、网站业务等基础信息的报备与关联核验，有效提高违法有害信息识别、溯源与处置的精准性；二是运用新兴技术提升治理工作的智能化水平，积极利用机器学习、人工智能等技术开展暴力恐怖音视频、虚假新闻等样本信息与关键特征分析，做到违法有害信息发现在前、防范在先。三是强化对新技术新业务治理的前瞻性布局，结合 5G、虚拟现实等新兴技术应用场景，加强违法有害信息传播风险的分析、研究、判断与提前应对，确保治理工作占得先机、赢得主动。

（四）巩固深化群防群治的信息内容治理格局

一是在国家网信办、反恐局、“扫黄打非”办等专项领导机构的统筹协调下，进一步加强公安、宣传、工信、安全等部门的资源整合和手段互补，强化违法有害信息情报共享和联动执法，对存在重大信息内容安全问题的企业，联合开展责任落实情况的核查问责。二是推动建立信息内容治理的信息共享与技术交流平台，推进政产学研之间的违法有害信息样本库共享与技术经验交流。三是积极发挥社会监督举报作用，指导互联网平台企业建立完善内部举报受理工作责任制度与处置流程，形成涵盖核查处置、问题整改、违规追责、结果反馈的社会监督管理闭环。

（撰稿人：彭志艺）